特种作业（电工）安全技术实操
考试题库

国网宁夏电力有限公司培训中心　编

中国电力出版社
CHINA ELECTRIC POWER PRESS

内 容 提 要

本书为电力设备运检人员参加特种作业电工类操作证实操考核必备实训指导书，按照操作证类别划分为 6 个模块内容：模块一低压电工作业、模块二高压电工作业、模块三电力电缆作业、模块四继电保护作业和模块五电气试验作业，模块六为 5 类电工作业的公共考核部分，即"科目四作业现场应急处置"。

本书可作为国家能源行业低压电工、高压电工、电力电缆、继电保护、电气试验 5 个专业技能人员的实操培训教材，也可作为特种作业电工类取证人员的学习用书。

图书在版编目（CIP）数据

特种作业（电工）安全技术实操考试题库 / 国网宁夏电力有限公司培训中心编. —北京：中国电力出版社，2023.4

ISBN 978-7-5198-7604-3

Ⅰ. ①特… Ⅱ. ①国… Ⅲ. ①电工–安全技术–技术培训–习题集 Ⅳ. ①TM08-44

中国国家版本馆 CIP 数据核字（2023）第 036579 号

出版发行：中国电力出版社
地　　址：北京市东城区北京站西街 19 号（邮政编码 100005）
网　　址：http://www.cepp.sgcc.com.cn
责任编辑：薛　红
责任校对：黄　蓓　王小鹏
装帧设计：张俊霞
责任印制：石　雷

印　　刷：北京雁林吉兆印刷有限公司
版　　次：2023 年 4 月第一版
印　　次：2023 年 4 月北京第一次印刷
开　　本：787 毫米×1092 毫米　16 开本
印　　张：10.5
字　　数：221 千字
印　　数：0001—1000 册
定　　价：48.00 元

编　委　会

主　任　李朝祥

副主任　陈迎光　贾黎明

成　员　王　成　丁旭元　康亚丽　吴培涛　田　蕾　刘　旭

编　写　组

编写组长　侯　峰

编写人员　邢　雅　马全福　冯　洋　李真娣　杜　帅　尹　松

　　　　　吴培涛　余金花　尹相国　陈海东　叶　赞　朱　静

　　　　　宋　乐　周　秀　闫敬东　何　帅　白　涛　张馨月

　　　　　贾俊杰　马烨琛　朱卫红　孙群龙　惠　勇　张东升

　　　　　杨丙寅　徐　波　韩世军　何　晶　卢　岩　屠梅艳

序

　　能源是经济社会发展的重要物质基础，电力能源作为现代化的动力，关系民生福祉和社会进步。近年来，为深入贯彻习近平总书记提出的"四个革命、一个合作"能源安全新战略和"双碳"部署，国家电网有限公司立足电网实际，积极推动构建以新能源为主体的新型电力系统。随着电力系统的快速发展，急需具备特种作业资格的电工人才资源，特种作业电工证是安全准入证，"持证进站，持证作业"具有法律强制性。特种作业（电工）安全技术培训和考试的质效关乎电工人才培养，关乎电网稳定运行、设备检修质效和人员安全作业。

　　宁夏回族自治区和国家电网有限公司对电力安全生产高度重视。国网宁夏培训中心作为国网宁夏电力有限公司下属唯一教育培训支撑机构和自治区应急管理厅的特种作业考试点，肩负宁夏电网五千多名生产一线人员的技能培训和考核任务，对外承接电工特种作业安全技术培训和考核。我们深刻认识到，做精做优特种作业实操培训和考核体系，是夯实安全管控基础，提升人员安全素质的重要举措。聚焦国网宁夏电力有限公司建设现代"双一流"的发展目标，我们建成了以"证件闭环对接"为中心，以全年计划、送培上门、基地考核、智能扫描提示、双线测评归档、服务反馈提升等环节为实施模块的一体化特种作业培训考核资源体系。

　　目前，针对特种作业（电工）的培训资源主要以专题性的理论教材为主，多数实操教材的作业流程较笼统，与电网、发电和用户企业电工人员的标准化作业辅导需求有一定差距。本书是由国网宁夏培训中心多年从事电网设备运维、试验和检修的培训师作为编写组，同时邀请国网宁夏电力有限公司生产单位和宁夏回族自治区应急管理部门的技术专家参与本书编审，历经特种作业政策研习、典型作业目录制定、作业任务书编制、现场实践反馈总结、系统组织编纂等过程，历时两年完成，对加强特种作业电工实操培训能力、夯实考核评价资源、填补行业教材题库空白具有重要意义。该书的出版将为渴望巩固电工作业标准化实操能力，提升取证考试学习和复习效率的读者带来极大方便，同时也是对参与研究、编写的工作人员的莫大肯定。在此，感谢该书编写人员的辛勤劳动，也衷心希望该书能够帮助广大读者学有所获。

签名：李朝锋

2022 年 12 月 30 日

前言

2018 年国家取消电工进网作业许可证核发行政许可事项，由应急管理部门统一考核发放"特种作业（电工）操作证"，重新调整后的特种作业（电工）目录包括 5 类：低压电工作业、高压电工作业、电力电缆作业、继电保护作业和电气试验作业。《中华人民共和国安全生产法》和《安全生产许可证条例》明确了特种作业人员必须参加安全技能培训和考核取证，"持证上岗"具有法律强制性。当前，集 5 类专业为一体的特种作业（电工）安全技术实操考试题库为空白。

为进一步夯实电力安全生产，服务广大从业人员考核取证，本书严格按照《特种作业（电工）安全技术培训大纲和考核标准》和《特种作业（电工）安全技术实际操作考试标准和实操考试点设备配备标准》编写，以安全技术实操标准化作业流程为主线，结合电力行业安全生产实际，突出操作全流程安全要点；在内容定位上，聚焦针对性和实用性，包括安全技术措施和组织措施，保证评分精细化、流程规范化；考核设定的仪器和设备具有典型性、广泛性，满足广大电网、发电厂和用户站的电工作业人员操作习惯；试题库的深度、广度遵循了"适应发展需求、立足实践应用"的工作思路，全面涵盖了安全用具使用、安全操作技术、作业现场安全隐患排除和现场应急处置的内容，5 类电工作业的科目四"作业现场应急处置"为公共考核部分，提炼后设在模块六。

国网宁夏培训中心技术技能培训师资团队主持本题库的编写，并在此感谢参与部分章节编写和审核的应急管理部门、宁夏职业技术学院、银川能源学院以及国网宁夏电力有限公司相关单位的技术专家倾力付出。由于时间和水平有限，本书难免存在疏漏之处，恳请读者提出宝贵意见。

目 录

序

前言

模块一 低压电工作业

科目一 安全用具使用

项目1 电工仪表安全使用

特种作业（电工）安全技术实操考试任务书

一、题目

电工仪表安全使用（满分20分）。

二、工具、材料、设备场地

万用表、钳形电流表、绝缘电阻表、接地电阻测试仪、安全帽、绝缘手套、绝缘靴、绝缘垫、其他设备。

三、考核项目

××现场工作人员在检查窃电工作中发现××户电能表电流有问题，在不断电的情况下应该选用哪种仪器仪表来确定用户电能表电流的大小。

（1）口述万用表、钳形电流表、绝缘电阻表、接地电阻测试仪的作用和用途。

（2）选择合适的电工仪表，完成测量任务。

（3）做好个人安全防护。

（4）对所选的仪器仪表进行检查。

（5）正确使用仪器仪表测量。

（6）正确读数，并对测量数据进行判断。

四、考核方式及时间要求

（1）考核时间10分钟，实操及口述，时间到停止考评。

（2）考评过程中如果由于考试人员操作不规范，有可能引发不安全因素的，停止考评，该考核项目不得分。

特种作业（电工）安全技术实操考试考评细则

单位：　　　　　　　　　　　姓名：　　　　　　　　　　　考试得分：

试题类型	电工仪表安全使用	考核时限	10分钟
试题分值	20分	考核方式	实操、口述
需要说明的问题和要求	（1）按给定的测量任务，选择合适的电工仪表。 （2）对所选的仪器仪表进行检查。 （3）正确使用仪器仪表。 （4）正确读数，并对测量数据进行判断		
工具、材料、设备	万用表、钳形电流表、绝缘电阻表、接地电阻测试仪、安全帽、绝缘手套、绝缘靴、绝缘垫、其他设备		

序号	考试项目	项目操作名称	满分	质量要求	扣分
1	电工仪表安全使用	选用合适的电工仪表	6.4	个人安全防护（安全帽、工作服、绝缘靴、线手套正确佩戴）； 口述4种电工仪表（万用表、钳形电流表、绝缘电阻表、接地电阻测试仪）的作用； 针对考评员布置的测量任务，正确选择合适的电工仪表	未做好个人安全防护，缺一项0.1分，共0.4分； 每种不正确扣1分，共4分； 仪表选择不正确扣2分
		仪表检查	4	检查仪表的外观； 检查合格证； 检查完好性	未检查扣1分； 未检查扣1分； 未检查扣2分
		正确使用仪表	8	遵循安全操作规程，按照操作步骤正确使用仪表： 选择合适的量程； 不能在测量过程中切换量程档； 注意电流的进出线是否正确	操作步骤违反安全规程得零分，操作步骤不完整视情况扣1~8分； 量程选直流档扣2分，测量过程中带电换档扣2分； 电流进出线接反扣4分
		对测量结果进行判断	1.6	对测量结果进行分析判断	判断不正确扣1.6分
2	否定项	否定项说明		对给定的测量任务，无法正确选择合适的仪表，违反安全操作规范导致自身或仪表处于不安全状态等，该题得分零分，终止该项目考试	
3		合计	20	考试得分	

考评员：　　　　　　　　　　　日期：

项目2　电工安全用具使用

特种作业（电工）安全技术实操考试任务书（一）

一、题目

安全帽的使用（满分20分）。

二、工具、材料、设备场地

低压验电器、绝缘手套、绝缘靴、安全帽、防护眼镜、绝缘夹钳、绝缘垫、携带型接地线、脚扣、安全带、登高板。

三、考核项目

××电厂的电力安全工器具摆放间的部分安全工器具完成送检校验,摆放间安全员依据安全工器具管理的相关规定和要求进行对应的检查,根据下列考核项目完成答题。

(1)口述安全帽的用途及结构。

(2)安全帽的检查。

(3)正确使用个人安全帽。

(4)口述清楚安全帽的保养。

四、考核方式及时间要求

(1)考核时间10分钟,实操及口述,时间到停止考评。

(2)考评过程中如果由于考试人员操作不规范,有可能引发不安全因素的,停止考评,该考核项目不得分。

特种作业(电工)安全技术实操考试考评细则

单位: 姓名: 考试得分:

试题类型	安全帽的使用	考核时限	10分钟
试题分值	20分	考核方式	实操、口述
需要说明的问题和要求	(1)熟知安全帽的用途及结构。 (2)能对安全帽进行检查。 (3)熟悉安全帽保养要求		
工具、材料、设备场地	低压验电器、绝缘手套、绝缘靴、安全帽、防护眼镜、绝缘夹钳、绝缘垫、携带型接地线、脚扣、安全带、登高板		

序号	考试项目	项目操作名称	满分	质量要求	扣分
1	安全帽的使用	用途及结构	6	用途:安全帽是用来保护工作人员头部,使其减少冲击伤害的工器具。 结构:安全帽由帽壳、帽衬、下颌带、头部调节装置组成	用途叙述有误扣1分; 结构组成每种叙述有误扣1分
		用品的检查	3	安全帽的外观; 安全帽的有效期; 安全帽帽衬、下颌带连接部位完好	未检查扣1分; 未检查扣1分; 未检查扣1分
		正确使用个人防护用品	8	根据考评员指定角色选取对应颜色安全帽; 针对所选取安全帽进行佩戴前检查; 检查合格后进行试戴,如果头部大小不合适,进行头箍调节,调节拧紧调节锁扣; 戴好安全帽,扣紧下颌带,进行仰头和低头确定安全帽不松动	操作步骤违反安全规程得零分,操作步骤不完整视情况扣1~8分
		个人防护用品的保养	3	安全帽使用完成后应擦去污物、灰尘; 外观检查正常后放入指定位置; 应保存在阴凉、通风、干燥处	每种叙述有误扣1分
2	合计		20	考试得分	

考评员: 日期:

特种作业（电工）安全技术实操考试任务书（二）

一、题目

绝缘靴的使用（满分 20 分）。

二、工具、材料、设备场地

低压验电器、绝缘手套、绝缘靴、安全帽、防护眼镜、绝缘夹钳、绝缘垫、携带型接地线、脚扣、安全带、登高板。

三、考核项目

××电厂的电力安全工器具摆放间的部分安全工器具完成送检校验，摆放间安全员依据安全工器具管理的相关规定和要求进行对应的检查，根据下列考核项目完成答题。

（1）口述绝缘靴的用途及结构。

（2）绝缘靴的检查。

（3）正确使用个人绝缘靴。

（4）口述绝缘靴的保养。

四、考核方式及时间要求

（1）考核时间 10 分钟，实操及口述，时间到停止考评。

（2）考评过程中如果由于考试人员操作不规范，有可能引发不安全因素的，停止考评，该考核项目不得分。

特种作业（电工）安全技术实操考试考评细则

单位：		姓名：		考试得分：
试题类型	绝缘靴的使用	考核时限		10分钟
试题分值	20分	考核方式		实操、口述

需要说明的问题和要求	（1）熟知绝缘靴的用途及结构。 （2）能对绝缘靴进行检查。 （3）熟悉绝缘靴保养要求
工具、材料、设备场地	低压验电器、绝缘手套、绝缘靴、安全帽、防护眼镜、绝缘夹钳、绝缘垫、携带型接地线、脚扣、安全带、登高板

序号	考试项目	项目操作名称	满分	质量要求	扣分
1	绝缘靴的使用	用途及结构	6	用途：绝缘靴是一种防止跨步电压的辅助安全用具。 结构：采用特种橡胶制成，不可以用普通防雨胶鞋代替	用途叙述有误扣3分； 结构叙述有误扣3分
		用品的检查	3	绝缘靴的外观； 绝缘靴合格证	未检查扣1分； 未检查扣2分

续表

序号	考试项目	项目操作名称	满分	质量要求	扣分
1	绝缘靴的使用	正确使用个人防护用品	8	雨雪天气进行室外高压设备巡视，需要穿绝缘靴；对绝缘靴进行使用前检查；检查合格后试穿，大小与脚尺码接近，防止鞋子偏大，导致人员行进摔倒；应将裤脚放入绝缘靴伸长部分	操作步骤违反安全规程得零分，操作步骤不完整视情况扣1~8分
		个人防护用品的保养	3	使用完成后应擦去污物、灰尘；外观检查正常后放入指定位置；应保存在阴凉、通风、干燥处	每种叙述有误扣1分
2	合计		20	考试得分	

考评员：　　　　　　　　　　　　　　日期：

项目 3　电工安全标示的辨识

特种作业（电工）安全技术实操考试任务书

一、题目

电工安全标示牌（见图1）的辨识（满分20分）。

图 1　电工安全标示牌

二、工具、材料、设备场地

应用场景1：在一经合闸即可送电到工作地点的断路器和隔离开关操作把手。

应用场景2：在工作地点或检修设备上。

（1）准备低压电工作业常用的安全标示及辅助材料。

（2）正确选择相关的安全标示并进行正确的摆放。

三、考核项目

（1）正确指出提供的低压电工作业常用的安全标示。

（2）对指定的安全标示用途进行解释。

（3）在指定的作业场景正确布置相关的安全标示。

四、考核方式及时间要求

（1）考核时间 10 分钟，实操及口述，时间到停止考评。

（2）考评过程中如果由于考试人员操作不规范，有可能引发不安全因素的，停止考评，该考核项目不得分。

特种作业（电工）安全技术实操考试考评细则

单位：　　　　　　　　　　　　　　姓名：　　　　　　　　　　　　考试得分：

试题类型	电工安全标示的辨识	考核时限	10分钟
试题分值	20分	考核方式	实操、口述
需要说明的问题和要求	准备低压电工作业常用的安全标示及辅助材料		
工具、材料、设备场地	低压电工作业常用的安全标示牌		

序号	考试项目	项目操作名称	满分	质量要求	扣分
1	电工安全标示的辨识	熟悉常用的电工安全标示	4	指认图片上所列的电工安全标示，辨识安全标示类别：禁止类；禁止类；提示类；强调类；禁止类。辨识安全标示名称："禁止合闸，有人工作"；"禁止分闸"；"在此工作"；"止步，高压危险"；"禁止攀登"	未辨识安全标示类别，错误一项扣0.4分，共计2分；　未辨识安全标示名称扣0.4分，共计2分
		解释电工安全标示的用途	4	正确解释5种电工安全标示的用途和使用区别	未正确解释电工安全标示的用途，错误一项扣0.8分，共计4分
		布置电工安全标示	12	按照指定的作业场景，正确选择相关的安全标示（2个）；按照指定的作业场景，正确摆放相关的安全标示位置（2个）	未正确选择安全标示，错误一项扣4分；未正确摆放安全标示位置，错误一项扣2分
2	合计		20	考试得分	

考评员：　　　　　　　　　　　　　　　　　日期：

科 目 二 安 全 操 作 技 术

项目1 电动机单向连续运转接线（带点动控制）

特种作业（电工）安全技术实操考试任务书

一、题目

电动机单向连续运转接线（带点动控制）（满分40分）。

二、工具、材料、设备场地

万用表、自选工器具（安全帽、全棉工作服、绝缘手套、绝缘靴、验电器、试验线、线手套、绝缘垫、标示牌），电动机运行回路。

三、考核项目

××工厂的××作业区电动机开展试验排故工作，该型号电动机为单向连续运转接线（带点动控制），考试人员根据相关规定和要求进行对应的检查和检修，根据下列考核项目完成答题。

（1）按给定电动机运行回路，选择合适的电气元件及绝缘电线。

（2）按要求对电动机进行单向连续运转接线（带点动控制）。

（3）通电前使用仪表检查电路，确保不存在安全隐患以后再上电。

（4）电动机点动、连续运行、停止。

四、考核方式及时间要求

（1）考核时间30分钟，实操及口述，时间到停止考评。

（2）考评过程中如果由于考试人员操作不规范，有可能引发不安全因素的，停止考评，该考核项目不得分。

特种作业（电工）安全技术实操考试考评细则

单位：　　　　　　　　　　　　姓名：　　　　　　　　　　　　考试得分：

试题类型	电动机单向连续运转接线（带点动控制）	考核时限	30分钟
试题分值	40分	考核方式	实操
需要说明的问题和要求	（1）按给定电气原理图，选择合适的电气元件及绝缘电线。 （2）按要求对电动机进行单向连续运转接线（带点动控制）。 （3）通电前使用仪表检查电路，确保不存在安全隐患以后再上电。 （4）电动机点动、连续运行、停止		
工具、材料、设备	万用表、自选工器具（安全帽、全棉工作服、绝缘手套、绝缘靴、验电器、试验线、线手套、绝缘垫、标示牌），电动机运行回路		

续表

序号	考试项目	项目操作名称	满分	质量要求	扣分
1	电动机单向连续运转接线（带点动控制）	运行操作	24	个人安全防护（安全帽、工作服、绝缘靴、线手套正确佩戴）；接线正确，通电正常运行；先合上电源开关；验电笔验电，检查电源正常；按下启动按钮 SB1—KM 线圈通电—KM 动合辅助触头闭合（自锁）；KM 主触头闭合—电动机 M 启动并连续运转	未做好个人安全防护，缺一项扣 2 分，共 8 分；未正确验电扣 0.8 分；接线处露铜超出标准规定，每处扣 4 分；接线松动每处扣 1.2 分；接地线少一处扣 4 分；导线（颜色、截面）选择不正确每处扣 4 分
		安全作业环境	8	正确使用仪表检查线路，操作规范，工位整洁	达不到要求的每项扣 2 分
		问答及口述	8	口述：短路保护与过载保护的区别。回答问题完整、正确	未达到要求扣 2~8 分
2	否定项	否定项说明		通电不成功、跳闸、熔断器烧毁、损坏设备、违反安全操作规范等，该题记为零分，并终止整个实操项目考试	
3	合计		40	考试得分	

考评员：　　　　　　　　　　　　日期：

项目 2　三相异步电动机正反运行的接线及安全操作

特种作业（电工）安全技术实操考试任务书

一、题目

三相异步电动机正反运行的接线及安全操作（满分 40 分）。

二、工具、材料、设备场地

万用表、自选工器具（安全帽、全棉工作服、绝缘手套、绝缘靴、验电器、试验线、线手套、绝缘垫、标示牌），电动机运行回路。

三、考核项目

××工厂的××作业区三相异步电动机开展正反运行的接线及安全操作工作，考试人员根据相关规定和要求进行对应的现场操作，根据下列考核项目完成答题。

（1）按给定的电动机运行回路，选择合适的电气元件及绝缘电线进行接线。

（2）按要求对电动机进行正反转运行接线。

（3）通电前使用仪表检查电路，确保不存在安全隐患以后再上电。

（4）电动机运行良好，各项控制功能正常实现。

四、考核方式及时间要求

（1）考核时间 45 分钟，实操、口述考核，时间到停止考评。

（2）考评过程中如果由于考试人员操作不规范，有可能引发不安全因素的，停止考评，该考核项目不得分。

特种作业（电工）安全技术实操考试考评细则

单位：		姓名：		考试得分：

试题类型	三相异步电动机正反运行的接线及安全操作	考核时限	45分钟
试题分值	40分	考核方式	实操
需要说明的问题和要求	（1）按给定电气原理图，选择合适的电气元件及绝缘电线进行接线。 （2）按要求对电动机进行正反转运行接线。 （3）通电前使用仪表检查电路，确保不存在安全隐患以后再上电。 （4）电动机运行良好，各项控制功能正常实现		
工具、材料、设备	万用表、自选工器具（安全帽、全棉工作服、绝缘手套、绝缘靴、验电器、试验线、线手套、绝缘垫、标示牌），电动机运行回路		

序号	考试项目	项目操作名称	满分	质量要求	扣分
1	三相异步电动机正反转运行的接线及安全操作	运行操作	20	接线正确，检查通电正常运行。电动机正转：按下正转按钮SB2，其动合触点闭合。回路从相线开始，沿按钮SB1—按钮SB2—KM1线圈A1、A2—KM2动断触点NC—电源零线接通，正转线圈得电，电机启动。电动机反转：按下反转按钮SB3，其动合触点闭合。回路从相线开始，沿按钮SB1—按钮SB3—KM2线圈A1、A2—KM1动断触点NC—电源零线接通，反转线圈得电，电机启动	接线处露铜超出标准规定，每处扣1.2分；接线松动每处扣1.2分；接地线少接一处扣4分；接线不正确每处扣4分；导线（颜色、截面）选择不正确每处扣4分
		安全作业环境	8	正确使用仪表检查线路，操作规范，工位整洁	达不到要求每项扣2分
		问答及口述	12	口述：正确使用控制按钮（控制开关）；正确选择电动机用的熔断器的熔体或断路器；正确选用保护接地、保护接零	回答问题完整、正确，每项得4分。未达到要求每项扣1.2~4分
2	否定项	否定项说明		通电不成功、跳闸、熔断器烧毁、损坏设备、违反安全操作规范等，该题记为零分，并终止整个实操项目考试	
3		合计	40	考试得分	

考评员： 日期：

项目3 单相电能表带照明灯的安装及接线

特种作业（电工）安全技术实操考试任务书

一、题目

单相电能表带照明灯的安装及接线（满分40分）。

二、工具、材料、设备场地

万用表、自选工器具（安全帽、全棉工作服、绝缘手套、绝缘靴、验电器、放电棒、试验线、线手套、绝缘垫、标示牌），照明回路。

三、考核项目

××工厂的××照明线路作业区需开展单相电能表带照明灯的安装及接线，考试人员根据相关规定和要求进行对应的现场操作，根据下列考核项目完成答题。

（1）按给定照明回路，选择合适的电气元件及绝缘电线。

（2）按要求进行单相电能表带照明灯的安装及接线。

（3）通电前使用仪表检查电路，确保不存在安全隐患以后再上电。

（4）照明灯点亮、电能表运行。

四、考核方式及时间要求

（1）考核时间30分钟，实操、口述考核，时间到停止考评。

（2）考评过程中如果由于考试人员操作不规范，有可能引发不安全因素的，停止考评，该考核项目不得分。

特种作业（电工）安全技术实操考试考评细则

单位：　　　　　　　　　　　　姓名：　　　　　　　　　　　　考试得分：

试题类型	单相电能表带照明灯的安装及接线	考核时限		30分钟
试题分值	40分	考核方式		实操
需要说明的问题和要求	颁发（1）按给定电气原理图，选择合适的电气元件及绝缘电线。 （2）按要求进行单相电能表带照明灯的安装及接线。 （3）通电前使用仪表检查电路，确保不存在安全隐患以后再上电。 （4）照明灯点亮、电能表运行			
工具、材料、设备	万用表、自选工器具（安全帽、全棉工作服、绝缘手套、绝缘靴、验电器、放电棒、试验线、线手套、绝缘垫、标示牌），照明回路			
序号	考试项目	项目操作名称	满分	质量要求	扣分
1	单相电能表带照明灯的安装及接线	运行操作	20	个人安全防护（安全帽、工作服、绝缘靴、线手套正确佩戴）；接线前准备：检查电能表外观有无破损、显示数据完整。	未做好个人安全防护，缺一项扣2分，共8分；未正确验电扣0.8分

续表

序号	考试项目	项目操作名称	满分	质量要求	扣分
1	单相电能表带照明灯的安装及接线	运行操作	20	接线正确，通电正常运行。按照"先出后进、先零后相、从右到左"的原则进行接线。接线顺序为先接负荷侧零线，后接负荷侧相线，再接电源侧零线，最后接电源侧相线。注意：接线完成后应确认导线入表处无外漏裸线。接线工艺要整洁，整齐	接线处露铜超出标准规定，每处扣4分；接线松动每处扣1.2分；接地线少接一处扣4分；检查接线不正确每处扣2分；导线（颜色、截面）选择不正确每处扣4分
		安全作业环境	8	正确使用仪表检查线路，操作规范，工位整洁	达不到要求的每项扣2分
		问答及口述	12	口述：电能表的基本结构与原理；照明灯电路组成；剩余电流动作保护器正确选择和使用	回答问题完整、正确，每项得4分。未达到要求扣2~8分
2	否定项	否定项说明		通电不成功、跳闸、熔断器烧毁、损坏设备、违反安全操作规范等，该题记为零分，并终止整个实操项目考试	
3		合计	40	考试得分	

考评员：　　　　　　　　　　　　　日期：

项目 4　带熔断器（断路器）、仪表、电流互感器的电动机运行控制电路接线

特种作业（电工）安全技术实操考试任务书

一、题目

带熔断器（断路器）、仪表、电流互感器的电动机运行控制电路接线（满分40分）。

二、工具、材料、设备场地

万用表、自选工器具（安全帽、全棉工作服、绝缘手套、绝缘靴、验电器、试验线、放电棒、线手套、绝缘垫、线手套、标示牌），电动机运行回路。

三、考核项目

（1）按给定电动机运行回路，选择合适的电气元件及绝缘电线。

（2）按要求进行带熔断器、仪表、电流互感器的电动机运行控制电路接线。

（3）通电前使用仪表检查电路，确保不存在安全隐患以后再上电。

（4）电动机连续运行、停止，电压表和电流表正常显示。

四、考核方式及时间要求

（1）考核时间30分钟，实操、口述考核，时间到停止考评。

（2）考评过程中如果由于考试人员操作不规范，有可能引发不安全因素的，停止考评，该考核项目不得分。

特种作业（电工）安全技术实操考试考评细则

单位：		姓名：		考试得分：

试题类型	带熔断器（断路器）、仪表、电流互感器的电动机运行控制电路接线	考核时限	30分钟
试题分值	40分	考核方式	实操

需要说明的问题和要求	（1）根据电气原理图，选择合适的电气元件及绝缘电线。 （2）按要求进行带熔断器（断路器）、仪表、电流互感器的电动机运行控制电路接线。 （3）通电前使用仪表检查电路，确保不存在安全隐患以后再上电。 （4）电动机连续运行、停止，电压表和电流表正常显示
工具、材料、设备	万用表、自选工器具（安全帽、全棉工作服、绝缘手套、绝缘靴、验电器、试验线、放电棒、线手套、绝缘垫、线手套、标示牌），电动机运行回路

序号	考试项目	项目操作名称	满分	质量要求	扣分
1	带熔断器（断路器）、仪表、电流互感器的电动机运行控制电路接线	运行操作	24	个人安全防护（安全帽、工作服、绝缘靴、线手套正确佩戴）； 接线正确，通电正常运行。 按要求进行带熔断器（断路器）、仪表、电流互感器的电动机运行控制电路接线； 接线后按下 SB2（交流接触器 KM1 吸合），电动机转动，电流表转动； 按下 SB3 电动机停止转动，分闸	未做好个人安全防护，缺一项扣2分，共8分； 未正确验电扣0.8分； 接线处露铜超出标准规定，每处扣4分； 接线松动每处扣1.2分； 接地线少接一处扣4分； 检查接线不正确每处扣1分； 导线（颜色、截面）选择不正确每处扣4分
		安全作业环境	8	正确使用仪表检查线路，操作规范，工位整洁	达不到要求的每项扣2分
		问答及口述	8	口述：电流表、互感器的选用。已知线路电流为80A，试为其选择电流表、电流互感器	回答问题完整、正确，每项得4分，未达到要求扣2~8分
2	否定项	否定项说明		通电不成功、跳闸、熔断器烧毁、损坏设备、违反安全操作规范等，该题记为零分，并终止整个实操项目考试	
3		合计	40	考试得分	

考评员：		日期：	

项目5 导线的连接

特种作业（电工）安全技术实操考试任务书

一、题目

导线的连接（满分40分）。

二、工具、材料、设备场地

万用表、剥线钳、电工刀、二次线、绝缘胶带，其他设备、器材。

三、考核项目

××作业区现场开展单股铜芯导线的直接连接操作，根据下列考核项目完成答题。

（1）准备工器具及辅助材料。

（2）按照作业任务要求正确选择安全用具，首先做好个人安全防护工作再进行导线接线操作。

（3）遵循安全操作规程要求开展导线连接的正确操作。

（4）合理使用电工工具，作业现场恢复整理。

（5）口述回答导线的连接方法，根据给定的功率（或负载电流）估算选择导线截面。

四、考核方式及时间要求

（1）考核时间30分钟，实操、口述考核，时间到停止考评。

（2）考评过程中如果由于考试人员操作不规范，有可能引发不安全因素的，停止考评，该考核项目不得分。

特种作业（电工）安全技术实操考试考评细则

单位：　　　　　　　　　　姓名：　　　　　　　　　　考试得分：

试题类型	导线的连接	考核时限	30分钟
试题分值	40分	考核方式	实操
需要说明的问题和要求	（1）单股导线的连接、多股导线的连接。 （2）导线的直接、分接、压接。 （3）绝缘胶带的正确使用		
工具、材料、设备	万用表、剥线钳、电工刀、二次线、绝缘胶带，其他设备、器材		

序号	考试项目	项目操作名称	满分	质量要求	扣分
1	导线的连接	导线连接	24	个人安全防护（安全帽、工作服、绝缘靴、线手套正确佩戴）。 接线规范、可靠、紧密、合理；首先用剥线钳或电工刀将绝缘皮剥削掉，留出裸体导线50mm，然后把两个线头互用手绞合3圈；然后扳直线头，将每个线头在另一个线芯上紧密缠绕5～6圈；缠绕好后，剪去多余的线头，用钢丝钳钳平切口的毛刺	未做好个人安全防护，缺一项扣2分，共8分。 检查接线不规范每处扣1分。 接线露铜处尺寸不均匀每个端子扣10分；露铜处尺寸超标每个端子扣4分，绝缘包扎不规范每个端子扣4分
		安全作业环境	8	合理使用电工工具，不损坏工具、工位整洁	达不到要求的每项扣2分
		问答及口述	8	口述：导线有哪些连接方法。根据给定的功率（或负载电流）估算选择导线截面	回答问题完整、正确，每项得4分，未达到要求每项扣1.2～4分
2	否定项	否定项说明		接头连接不紧密、松动，该题记为零分，终止整个实操项目考试	
3	合计		40	考试得分	

考评员：　　　　　　　　　　日期：

13

科目三　作业现场安全隐患排除

项目 1　判断作业现场存在的安全风险、职业危害

特种作业（电工）安全技术实操考试任务书

一、题目

判断作业现场存在的安全风险、职业危害（满分 20 分）。

二、工具、材料、设备场地

作业现场如图 1 所示。

图 1　作业现场图片

三、考核项目

（1）明确作业任务或用电环境，口头表述。

（2）判断作业现场存在的安全风险及职业危害。

四、考核方式及时间要求

（1）考核时间 10 分钟，实操、口述考核，时间到停止考评。

（2）考评过程中如果由于考试人员操作不规范，有可能引发不安全因素的，停止考评，该考核项目不得分。

特种作业（电工）安全技术实操考试考评细则

单位：			姓名：		考试得分：

试题类型	判断作业现场存在的安全风险、职业危害		考核时限		10 分钟
试题分值	20 分		考核方式		口述
需要说明的问题和要求	认真阅读考官提供的作业现场图片或照片，指出其中存在的违章行为、安全风险和职业危害				
工具、材料、设备场地	作业现场照片或图片				

序号	考试项目	项目操作名称	满分	质量要求	扣分
1	判断作业现场存在的安全风险及职业危害	明确作业任务或用电环境	2	观察所提供的作业现场图片，口述作业任务为低压单相电能表装表接电工作	未正确描述作业任务扣 2 分
		判断作业现场存在的违章现象、可能出现的最大安全风险和职业危害	18	按照低压电气工作要求，工作时应穿绝缘靴和全棉长袖工作服，并佩戴低压作业防护手套、安全帽。 作业人员未穿绝缘靴； 作业人员未佩戴低压作业防护手套； 作业人员安全帽未正确佩戴，女士头发应在安全帽内。 现场作业时未放置相应的安全标示； 作业现场工具乱摆放； 作业人员无监护。 以上违章导致的安全风险：可能发生触电，引起电灼伤和电击伤	未正确说明违章现象遗漏一项扣 2.5 分，未正确说明安全风险和职业危害每项扣 1.5 分，共计 18 分
2	合计		20	考试得分	

考评员：		日期：	

项目 2　结合工作任务，排除作业现场存在的安全风险、职业危害

特种作业（电工）安全技术实操考试任务书

一、题目

结合实际工作任务，排除作业现场存在的安全风险、职业危害（满分 20 分）。

二、工具、材料、设备场地

作业现场如图 1 所示。

三、考核项目

（1）按照作业任务要求正确选择安全用具，做好个人防护工作。

（2）结合实际工作任务，排除作业现场存在的安全风险。

图 1　作业现场图片

（3）结合实际工作任务，排除作业现场存在的职业危害。

（4）结合实际工作任务口述该项操作的安全规程。

四、考核方式及时间要求

（1）考核时间 10 分钟，实操、口述考核，时间到停止考评。

（2）考评过程中如果由于考试人员操作不规范，有可能引发不安全因素的，停止考评，该考核项目不得分。

特种作业（电工）安全技术实操考试考评细则

单位：　　　　　　　　　　　　姓名：　　　　　　　　　　　　考试得分：

试题类型	结合工作任务，排除作业现场存在的安全风险、职业危害	考核时限	10 分钟
试题分值	20 分	考核方式	口述
需要说明的问题和要求	（1）明确作业任务，做好个人防护。 （2）观察作业现场环境。 （3）排除作业现场存在的安全风险。 （4）进行安全操作		
工具、材料、设备场地	作业现场照片或图片		

序号	考试项目	项目操作名称	满分	质量要求	扣分
1	结合实际工作任务，排除作业现场存在的安全风险、职业危害	个人安全意识	6	描述实际工作任务，口述个人防护措施； 安装照明灯具； 在安装的工作中穿绝缘靴和全棉长袖工作服，并佩戴低压作业防护手套、安全帽； 正确使用绝缘工具	未说明工作任务扣 2 分； 个人防护错误扣 4 分； 个人防护不全面扣 2 分

续表

序号	考试项目	项目操作名称	满分	质量要求	扣分
1	结合实际工作任务，排除作业现场存在的安全风险、职业危害	风险排除	6	观察作业现场环境，排除作业现场存在的安全风险： 未做好个人防护，接线过程中发生触电； 高处作业梯子或脚手架使用不当发生高处坠落； 安装过程中屋顶、楼板坠落	每少排除一个扣2分
		职业危害	1	电灼伤、电击伤	未正确说明扣1分
		安全操作	7	结合自己的实际工作任务口述该项操作的安全规程： 施工前进行技术交底； 注意核对灯具的标称型号等参数是否符合要求，并选择合适的导线； 检查灯具的吊钩是否符合要求； 检查屋顶、楼板施工完毕具备灯具安装条件； 做好个人防护，穿戴齐全并检查工器具绝缘性能； 如需高处作业检查脚手架或梯子是否符合要求； 工作过程中必须有监护人员	缺失一项扣1分
2	合计		20	考试得分	

考评员：   日期：

模块二 高压电工作业

科目一 安全用具使用

项目1 电工仪器仪表安全使用

特种作业（电工）安全技术实操考试任务书

一、题目

电工仪器仪表安全使用（满分20分）。

二、工具、材料、设备场地

万用表、钳形电流表、绝缘电阻表、接地电阻测试仪、自选工器具（安全帽、全棉工作服、绝缘手套、绝缘靴、验电器、放电棒、试验线、线手套、绝缘垫、标示牌），10kV变压器套管。

三、考核项目

（1）口述万用表、钳形电流表、绝缘电阻表、接地电阻测试仪的作用和用途。

（2）选择合适的电工仪表，完成10kV变压器套管绝缘电阻测量任务。

（3）做好个人安全防护。

（4）对所选的仪器仪表进行检查。

（5）正确使用仪器仪表测量。

（6）正确读数，并对测量数据进行判断。

四、考核方式及时间要求

（1）考核时间10分钟，实操及口述，时间到停止考评。

（2）考评过程中如果由于考试人员操作不规范，有可能引发不安全因素的，停止考评，该考核项目不得分。

特种作业（电工）安全技术实操考试考评细则

单位：		姓名：		考试得分：	
试题类型	电工仪器仪表安全使用		考核时限		10分钟
试题分值	20分		考核方式		口述/实操
需要说明的问题和要求	（1）按给定的测量任务，选择合适的电工仪表。 （2）对所选的仪器仪表进行检查。 （3）正确使用仪器仪表。 （4）正确读数，并对测量数据进行判断				
工具、材料、设备场地	万用表、钳形电流表、绝缘电阻表、接地电阻测试仪、自选工器具（安全帽、全棉工作服、绝缘手套、绝缘靴、验电器、放电棒、试验线、线手套、绝缘垫、标示牌），10kV 变压器套管				

序号	考试项目	项目操作名称	满分	质量要求	扣分
1	电工仪器仪表安全使用	选用合适的电工仪表	4	叙述 4 类电工仪器仪表（万用表、钳形电流表、绝缘电阻表、接地电阻测试仪）的作用和用途。 正确选择合适的电工仪器仪表（提供万用表、钳形电流表、绝缘电阻表、接地电阻测试仪），完成给定试品（10kV 变压器套管）绝缘电阻的测量任务	错误一项扣 0.5，共计 2 分； 仪表选择错误扣 2 分，共计 2 分
		试验前准备工作	4	做好个人安全防护（安全帽、工作服、绝缘靴、线手套正确佩戴）。 正确检查所用仪器仪表、所用安全工器具的外观是否完好、校验合格日期是否满足要求。 检查绝缘电阻表各部件的完好性。 测量前对给定试品进行短路放电，并将被测试品表面擦拭干净	缺 1 项扣 0.5 分，共 1 分； 未检查扣 1 分，共 1 分； 未检查完好性扣 1 分，共 1 分； 未进行扣 1 分，共 1 分
		正确使用仪表	10	根据给定试品的电压等级选择正确的测试电压量程（2500V）。 测试前将绝缘电阻表进行一次开路试验和短路试验，检查绝缘电阻表是否良好。 将"接地"（E）接线柱接在电力设备外壳或地线上；"线路"（L）接线柱接在被测试品导线（导体）上。 若测量电缆绝缘电阻时，还应将"屏蔽"（G）接线柱接到电缆的绝缘层上。 测量时，绝缘电阻表放置平稳，加压 2500V（1 分钟），待显示屏上数据稳定后读出数据。 读数完毕后，先取下红色（L）测试线，再将高压启动开关关闭，最后将电压量程选择开关切换至关闭档。利用放电棒对被试品进行有效放电（否则可能会存在残余电荷损坏表计）	选择错误扣 1 分； 操作错误扣 2 分； 操作错误扣 2 分； 操作错误扣 2 分； 操作错误扣 1 分； 操作错误扣 2 分
		对测量结果进行判断	2	试验结果与初始值相比不应有明显变化	结果错误或结果分析错误扣 2 分

续表

序号	考试项目	项目操作名称	满分	质量要求	扣分
2	否定项	否定项说明		对给定的测量任务，无法正确选择合适的仪表，违反安全操作要求导致自身或仪表处于不安全状态等，该题得分为零分，终止该项目考试	
3	合计		20	考试得分	

考评员：　　　　　　　　　　　　日期：

项目 2　电工安全用具使用

特种作业（电工）安全技术实操考试任务书（一）

一、题目

高压验电器使用（满分 20 分）。

二、工具、材料、设备场地

高压验电器、绝缘手套、绝缘靴、绝缘拉杆、防护眼镜、绝缘夹钳、绝缘垫、携带型接地线、脚扣、安全带、安全帽、放电棒。

三、考核项目

××电网公司的电力安全工器具摆放间的部分安全工器具完成送检校验，摆放间安全员依据安全工器具管理的相关规定和要求进行对应的检查，根据下列考核项目完成答题。

（1）口述考评员给定的此类高压电工安全用具的用途及结构。

（2）对此类高压电工安全用具进行检查操作。

（3）按照考评员使用要求进行高压验电器相关操作。

（4）口述高压验电器的保养要求。

四、考核方式及时间要求

（1）考核时间 10 分钟，实操及口述，时间到停止考评。

（2）考评过程中如果由于考试人员操作不规范，有可能引发不安全因素的，停止考评，该考核项目不得分。

特种作业（电工）安全技术实操考试考评细则

单位：　　　　　　　　　　姓名：　　　　　　　　　　考试得分：

试题类型	高压验电器使用	考核时限	10 分钟
试题分值	20 分	考核方式	实操/口述
需要说明的问题和要求	（1）熟知高压验电器的用途及结构。 （2）能对高压验电器进行检查。 （3）正确使用高压验电器进行现场工作。 （4）熟悉高压验电器的保养要求		

工具、材料、设备场地		高压验电器、绝缘手套、绝缘靴、绝缘拉杆、防护眼镜、绝缘夹钳、绝缘垫、携带型接地线、脚扣、安全带、安全帽、放电棒			
序号	考试项目	项目操作名称	满分	质量要求	扣分
1	高压电工安全用具使用	安全用具的用途及结构	6	口述高压验电器的作用及使用场合； 高压验电器是验证设备或线路是否带电的安全工器具； 高压验电器由金属电极、电容型检测装置、声光报警自检装置、伸缩型绝缘杆、手柄组成	表述错误扣1分 缺少或错误一项扣1分
		安全用具的检查	3	考评员选定相应电压等级的高压验电器；检查高压验电器合格证在有效期内。 检查高压验电器外观应清洁光滑，无气泡、皱纹、裂纹、划痕、硬伤、绝缘层脱落、严重的机械或电灼伤痕。 伸缩型绝缘杆各节配合合理，拉伸后不应自动回缩。手柄与绝缘杆、绝缘杆与指示器的连接应紧密牢固。 护环检查。 自检正常，指示器均应有视觉和听觉信号出现	未检查扣1分； 未检查扣1分； 未检查扣1分
		正确使用安全用具	8	依据被测设备的电压等级正确选择高压验电器。 依据安全操作规程要求，应戴绝缘手套，穿绝缘靴；人体应与带电设备保持足够的安全距离；手握部位不得越过护环。使用伸缩型电容型验电器时，绝缘杆应完全拉开。 验电前，在邻近的带电设备验电，验证验电器是否良好。在已停电的设备需要装设接地线或合接地刀闸处逐相验电。验明无电后，再回到邻近的带电设备上复核验电器是否良好	选择错误扣2分； 操作错误扣3分； 操作错误扣3分
		安全用具的保养	3	正确叙述高压验电器的保养要点。 验电器应保存在阴凉、通风、干燥处； 若长期不使用，应将电池取出； 验电器在携带与保管中，要避免跌落、挤压和强烈冲击振动； 不要用带腐蚀性的化学溶剂和洗涤剂等溶液擦拭； 不能放在露天烈日下曝晒，需经常保持清洁； 高压验电器一年试验一次	叙述要点不完整，每漏一条扣0.5分
2		合计	20	考试得分	

考评员：　　　　　　　　　　　　　　　　日期：

特种作业（电工）安全技术实操考试任务书（二）

一、题目

携带型接地线使用（满分 20 分）。

二、工具、材料、设备场地

高压验电器、绝缘手套、绝缘靴、绝缘拉杆、防护眼镜、绝缘夹钳、绝缘垫、携带型接地线、接地杆、脚扣、安全带、安全帽、放电棒。

三、考核项目

××电网公司的电力安全工器具摆放间的部分安全工器具完成送检校验，摆放间安全员依据安全工器具管理的相关规定和要求进行对应的检查，根据下列考核项目完成答题。

（1）口述考评员选定的携带型接地线的用途及结构。

（2）对此类高压电工安全用具进行检查操作。

（3）按照考评员要求使用携带型接地线做相关操作。

（4）口述携带型接地线保养要求。

四、考核方式及时间要求

（1）考核时间 10 分钟，实操及口述，时间到停止考评。

（2）考评过程中如果由于考试人员操作不规范，有可能引发不安全因素的，停止考评，该考核项目不得分。

特种作业（电工）安全技术实操考试考评细则

单位：			姓名：		考试得分：
试题类型	携带型接地线使用		考核时限		10 分钟
试题分值	20 分		考核方式		实操/口述
需要说明的问题和要求	（1）熟知携带型接地线的用途及结构。 （2）能对携带型接地线进行检查。 （3）正确使用携带型接地线。 （4）熟悉携带型接地线保养要求				
工具、材料、设备场地	高压验电器、绝缘手套、绝缘靴、绝缘拉杆、防护眼镜、绝缘夹钳、绝缘垫、携带型接地线、接地杆、脚扣、安全带、安全帽、放电棒				

序号	考试项目	项目操作名称	满分	质量要求	扣分
1	高压电工安全用具使用	安全用具的用途及结构	6	口述携带型接地线的作用及使用场合。 　它是将已经停电的设备进行短路接地，保证人身安全的一种安全工器具。 　口述高压电工安全用具的结构组成。 　接地线由带透明护套的多股金属软铜线、线卡、接地桩头、带挂钩的绝缘杆、丝扣连接部分组成	口述错误扣 1 分； 缺少或错误一项扣 1 分，共计 5 分

序号	考试项目	项目操作名称	满分	质量要求	扣分
1	高压电工安全用具使用	安全用具的检查	3	考评员选定相应电压等级的携带型接地线。 检查携带型接地线合格证在有效期内。 检查携带型接地线护套、操作杆外观应清洁光滑，无气泡、皱纹、裂纹、划痕、硬伤、绝缘层脱落、严重的机械或电灼伤痕。 绝缘杆各节丝扣连接部位完好；线卡连接部位无松动；绝缘杆手柄无破损	未检查扣1分； 未检查扣1分； 未检查扣1分
		正确使用安全用具	8	正确选用相应电压等级的携带型接地线，对被检修设备进行操作。 依据安全操作规程要求，应戴绝缘手套，穿绝缘靴； 人体应与带电设备保持足够的安全距离； 手握部位不得越过护环； 在挂接地线前，应使用验电器验证设备确无电压。 装设接地线必须先接接地端，后接导体端，拆解接地线顺序相反	选择错误扣2分； 操作错误扣3分； 操作错误扣3分
		安全用具的保养	3	正确叙述携带型接地线的保养要点； 携带型接地线应保存在阴凉、通风、干燥处； 使用后应擦去污物，外观检查合格后，对号存放在对应地点； 不要用带腐蚀性的化学溶剂和洗涤剂等溶液擦拭； 不能放在露天烈日下曝晒，需经常保持清洁； 携带型接地线五年试验一次	叙述要点不完整，每漏一条扣0.6分
2		合计	20	考试得分	

考评员：　　　　　　　　　　　　　日期：

项目3 电工安全标示的辨识

特种作业（电工）安全技术实操考试任务书

一、题目

电工安全标示的辨识（满分20分）。

二、工具、材料、设备场地

标示牌（见图1）："止步，高压危险""在此工作""禁止合闸，有人工作""从此进出""禁止攀登"。

图 1　电工安全标示牌

三、考核项目

（1）正确指出提供的高压电工作业常用的安全标示。

（2）对"止步，高压危险""在此工作""禁止攀登"3 个安全标示进行用途解释。

（3）某 10kV 中置式开关柜小车断路器及线路侧计划停电检修，断路器已断开，小车断路器已拉至"检修位置"，线路侧接地刀闸已合上，请根据作业任务正确布置相关的安全标示。

四、考核方式及时间要求

（1）考核时间 10 分钟，实操及口述，时间到停止考评。

（2）考评过程中如果由于考试人员操作不规范，有可能引发不安全因素的，停止考评，该考核项目不得分。

特种作业（电工）安全技术实操考试考评细则

单位：		姓名：			考试得分：
试题类型	电工安全标示的辨识		考核时限		10 分钟
试题分值	20 分		考核方式		实操/口述
需要说明的问题和要求	（1）熟悉高压电工作业常用的安全标示。 （2）能对指定的安全标示进行用途解释。 （3）能对指定的作业场景正确布置相关的安全标示				
工具、材料、设备场地	标示牌："止步，高压危险""在此工作""禁止合闸，有人工作""从此进出""禁止攀登"				
序号	考试项目	项目操作名称	满分	质量要求	扣分
1	电工安全标示的辨识	熟悉常用的电工安全标示	5	指认图片所列的 5 个安全标示	错一个扣 1 分
		常用电工安全标示用途解释	3	分别对"止步，高压危险""在此工作""禁止攀登"3 个电工安全标示的用途进行说明解释	错一个扣 1 分
2		正确布置安全标示	12	在 10kV 中置式开关柜分/合闸操作把手上悬挂"禁止合闸，有人工作"标示牌； 在开关柜相邻带电间隔布置"止步，高压危险"标示牌； 在 10kV 小车断路器上悬挂"在此工作"标示牌	选错标示一个扣 4 分，摆放位置错误一个扣 2 分
3		合计	20	考试得分	

考评员：　　　　　　　　　　　　　　　　日期：

科目二　安全操作技术

项目 1　10kV 高压开关柜的停（送）电操作

特种作业（电工）安全技术实操考试任务书（一）

一、题目

10kV 高压开关柜的停电操作（满分 40 分）。

二、工具、材料、设备场地

10kV 高压开关柜、全棉长袖工作服、安全帽、绝缘手套、绝缘靴、绝缘垫、小车开关摇把，其他器材、工具。

三、考核项目

××实训变电站 10kV Ⅰ段出线柜 102 断路器开展例行试验，现需要对该 10kV Ⅰ段出线柜进行停电操作，请根据以下操作任务与要求正确开展倒闸操作。

（1）操作任务：10kV Ⅰ段出线 102 断路器由运行转检修。

（2）按照操作任务要求正确选择安全用具，做好个人防护工作。

（3）遵循安全操作规程，使用已审核的操作票正确进行现场操作。

（4）操作结束后，对操作质量进行检查。

四、考核方式及时间要求

（1）考核时间 30 分钟，实操考核，时间到停止考评。

（2）考评过程中如果由于考试人员操作不规范，有可能引发不安全因素的，停止考评，该考核项目不得分。

特种作业（电工）安全技术实操考试考评细则

单位：		姓名：	考试得分：
试题类型	10kV 高压开关柜的停电操作	考核时限	30 分钟
试题分值	40 分	考核方式	实操
需要说明的问题和要求	（1）按照操作任务要求正确选择安全用具，做好个人防护工作。 （2）遵循安全操作规程，使用已审核的操作票正确进行现场操作。 （3）操作结束后，对操作质量进行检查		
工具、材料、设备场地	10kV 高压开关柜、全棉长袖工作服、安全帽、绝缘手套、绝缘靴、绝缘垫、小车开关摇把，其他器材、工具		

续表

序号	考试项目	项目操作名称	满分	质量要求	扣分
1	10kV 高压开关柜的停电操作	操作前的准备	8	正确选择倒闸操作所需的安全用具（安全帽、绝缘手套、绝缘靴）； 检查所需安全用具外观、结构及校验合格日期符合要求； 做好个人安全防护（全棉长袖工作服、安全帽、绝缘手套和绝缘靴）； 正确执行模拟倒闸操作； 核对设备的位置、名称、编号和运行方式	选择不正确扣 2 分； 未检查或检查不正确扣 2 分； 未做个人防护扣 2 分； 未执行扣 1 分； 未核对扣 1 分
		倒闸操作	28	遵循安全操作规程，使用已审核的操作票正确进行现场操作，操作步骤如下： 得令，10kV Ⅰ 段出线 102 断路器由运行转检修； 断开 10kV Ⅰ 段出线 102 断路器； 查 10kV Ⅰ 段出线 102 断路器确已分闸； 查 10kV Ⅰ 段出线 102 断路器相关表计指示正常； 断开 10kV Ⅰ 段出线 102 断路器控制回路电源； 断开 10kV Ⅰ 段出线 102 断路器储能回路电源； 将 10kV Ⅰ 段出线 102 断路器手车摇至试验位置； 取下 10kV Ⅰ 段出线 102 断路器二次线插头； 合上 10kV Ⅰ 段出线 102 断路器接地刀闸； 查 10kV Ⅰ 段出线 102 断路器接地刀闸确已合上； 在 10kV Ⅰ 段出线 102 断路器上悬挂"禁止合闸，有人工作！"标示牌； 在 10kV Ⅰ 段 102 断路器上悬挂"已接地！"标示牌； 操作完毕，汇报	操作错误一项扣 2 分
		操作质量	4	对给定的操作任务，操作过程流畅规范； 在规定时间内操作完成，并进行全面复查	存在不规范操作行为扣 2 分； 超时或未全面复查扣 2 分
2	否定项	否定项说明		对给定的操作任务，考评过程中如发生误操作或由于操作人员操作不规范，有可能引发不安全因素的，该题得分为零分，终止该项目的考试	
3		合计	40	考试得分	

考评员：　　　　　　　　　　　　　　日期：

特种作业（电工）安全技术实操考试任务书（二）

一、题目

10kV 高压开关柜的送电操作（满分 40 分）。

二、工具、材料、设备场地

10kV 高压开关柜、全棉长袖工作服、安全帽、绝缘手套、绝缘靴、绝缘垫、小车开关摇把，其他器材、工具。

三、考核项目

××实训变电站 10kV Ⅰ 段出线柜 102 断路器已完成例行试验,现需要对该 10kV Ⅰ 段出线柜进行送电操作,请根据以下操作任务与要求正确开展倒闸操作。

（1）操作任务：10kV Ⅰ 段出线 102 断路器由检修转运行。

（2）按照操作任务要求正确选择安全用具，做好个人防护工作。

（3）遵循安全操作规程，使用已审核的操作票正确进行现场操作。

（4）操作结束后，对操作质量进行检查。

四、考核方式及时间要求

（1）考核时间 30 分钟，实操考核，时间到停止考评。

（2）考评过程中如果由于考试人员操作不规范,有可能引发不安全因素的,停止考评,该考核项目不得分。

特种作业（电工）安全技术实操考试考评细则

单位：　　　　　　　　　　姓名：　　　　　　　　　　考试得分：

试题类型	10kV 高压开关柜的送电操作	考核时限	30 分钟
试题分值	40 分	考核方式	实操
需要说明的问题和要求	（1）按照操作任务要求正确选择安全用具，做好个人防护工作。 （2）遵循安全操作规程，使用已审核的操作票正确进行现场操作。 （3）操作结束后，对操作质量进行检查		
工具、材料、设备场地	10kV 高压开关柜、全棉长袖工作服、安全帽、绝缘手套、绝缘靴、绝缘垫、小车开关摇把，其他器材、工具		

序号	考试项目	项目操作名称	满分	质量要求	扣分
1	10kV 高压开关柜的送电操作	操作前的准备	8	正确选择倒闸操作所需的安全用具（安全帽、绝缘手套、绝缘靴）； 检查所需安全用具外观、结构及校验合格日期符合要求； 做好个人安全防护（全棉长袖工作服、安全帽、绝缘手套和绝缘靴）； 正确执行模拟倒闸操作； 核对设备的位置、名称、编号和运行方式	选择不正确扣 2 分； 未检查或检查不正确扣 2 分； 未做个人防护扣 2 分； 未执行扣 1 分； 未核对扣 1 分

序号	考试项目	项目操作名称	满分	质量要求	扣分
1	10kV 高压开关柜的送电操作	倒闸操作	28	遵循安全操作规程，使用已审核的操作票正确进行现场操作，操作步骤如下： 得令，10kV Ⅰ段出线 102 断路器由检修转运行； 取下 102 断路器上悬挂的"禁止合闸，有人工作！"标示牌； 取下 102 断路器上悬挂的"已接地！"标示牌； 断开 10kV Ⅰ段出线 102 断路器接地刀闸； 查 10kV Ⅰ段出线 102 断路器接地刀闸确已断开； 插上 10kV Ⅰ段出线 102 断路器二次线插头； 将 10kV Ⅰ段出线 102 断路器手车摇至工作位置； 合上 10kV Ⅰ段出线 102 断路器储能回路电源； 合上 10kV Ⅰ段出线 102 断路器控制回路电源； 将 10kV Ⅰ段出线 102 断路器操作控制开关打至"就地"位置； 合上 10kV Ⅰ段出线 102 路器； 查 10kV Ⅰ段出线 102 断路器确已合闸； 查 10kV Ⅰ段出线 102 断路器相关表计指示正确； 操作完毕，汇报	操作错误一项扣 2 分
		操作质量	4	对给定的操作任务，操作过程流畅规范； 在规定时间内操作完成，并进行全面复查	存在不规范操作行为扣 2 分； 超时或未全面复查扣 2 分
2	否定项	否定项说明		对给定的操作任务，考评过程中如发生误操作或由于操作人员操作不规范，有可能引发不安全因素的，该题得分为零分，终止该项目的考试	
3		合计	40	考试得分	

考评员：　　　　　　　　　　　　　　　　日期：

项目 2　10kV 高压成套配电装置的巡视检查

特种作业（电工）安全技术实操考试任务书

一、题目

10kV 高压成套配电装置的巡视检查（满分 40 分）。

二、工具、材料、设备场地

10kV 高压成套配电装置、安全帽、全棉长袖工作服、绝缘手套、绝缘靴、绝缘垫，其他器材、工具。

三、考核项目

××实训变电站 10kV 高压室电力设备正常运行，现开展 10kV 高压成套配电装置的巡视检查，请根据以下操作任务与要求正确开展工作。

（1）按照作业任务要求正确选择安全用具，做好个人防护工作。

（2）遵守安全规程，正确巡视 10kV 高压成套配电装置。

（3）正确填写《高压配电室运行日志》。

四、考核方式及时间要求

（1）考核时间 30 分钟，实操考核，时间到停止考评。

（2）考评过程中如果由于考试人员操作不规范，有可能引发不安全因素的，停止考评，该考核项目不得分。

特种作业（电工）安全技术实操考试考评细则

单位：		姓名：		考试得分：
试题类型	10kV 高压成套配电装置的巡视检查	考核时限		30 分钟
试题分值	40 分	考核方式		实操/口述
需要说明的问题和要求	（1）按照作业任务要求正确选择安全用具，做好个人防护工作。 （2）遵守安全规程，正确巡查 10kV 高压成套配电装置。 （3）正确填写《高压配电室运行日志》			
工具、材料、设备场地	10kV 高压成套配电装置、安全帽、全棉长袖工作服、绝缘手套、绝缘靴、绝缘垫，其他器材、工具			

序号	考试项目	项目操作名称	满分	质量要求	扣分
1	10kV 高压成套配电装置的巡视检查	巡视前准备	8	正确选择该项操作所需的安全用具，并检查外观、结构、功能及校验合格日期符合要求： ① 安全帽 ② 绝缘手套 ③ 绝缘靴 做好个人安全防护： ① 作业人应穿全棉长袖工作服 ② 正确戴好安全帽； ③ 戴绝缘手套； ④ 穿绝缘靴	未选择或未检验扣 2～4 分； 未做个人防护扣 2～4 分
		巡视检查	24	核对设备的位置、名称、编号和运行方式； 口述 10kV 高压成套配电装置的运行检查及维护要点： ① 检查设备出厂铭牌，运行编号标识齐全、清晰可识别，编号采用双重编号； ② 检查开关分、合闸指示器指示正确，与实际运行状态一致；	每漏一项扣 2 分，共计 6 分； 每漏一项扣 1.5 分，共计 12 分；

序号	考试项目	项目操作名称	满分	质量要求	扣分
1	10kV 高压成套配电装置的巡视检查	巡视检查	24	③ 检查仪表室面板上各指示灯指示正常，各空气开关、操作方式选择开关、压板投切正确； ④ 检查开关弹簧操作机构储能指示正确，正常时在已储能位置； ⑤ 检查柜体无变形、下沉现象，柜门关闭良好，各封闭板螺栓应齐全，无松动、锈蚀； ⑥ 检查开关柜内应无放电声、异味和不均匀的机械噪声，设备有无烧焦等异味； ⑦ 检查保护装置运行正常，无异常告警； ⑧ 检查室内温度在允许范围内，通风设备正常。 口述 10kV 高压成套配电装置所有指示灯（分闸位置、合闸位置、储能、工作位置、试验位置指示灯）及控制开关（"远方—就地"控制转换开关、分合闸控制开关、储能控制开关）的作用； 在规定时间内完成	错误一项扣 0.5 分，共计 4 分； 超时扣 2 分
		填写运行日志	8	根据当前设备运行情况，正确填写《高压配电室运行日志》：记录日期、天气、工作内容等	每漏一项扣 2 分
2	合计		40	考试得分	

考评员：　　　　　　　　　　　　　　日期：

高压配电室运行日志

值长：王某某	值班员：李某某
天气：晴，微风	日期：××××年××月××日

　　××实训变电站 10kV 高压室电力设备正常运行，开展 10kV 高压成套配电装置的巡视检查，巡视结果如下：

（1）设备出厂铭牌，运行编号标识齐全、清晰可识别，编号采用双重编号；

（2）开关分、合闸指示器指示正确，与实际运行状态一致；

（3）仪表室面板上各指示灯指示正常，各空气开关、操作方式选择开关、压板投切正确；

（4）开关弹簧操作机构储能指示正确，正常时在已储能位置；

（5）柜体无变形、下沉现象，柜门关闭良好，各封闭板螺栓应齐全，无松动、锈蚀；

（6）开关柜内无放电声、异味和不均匀的机械噪声，设备有无烧焦等异味；

（7）保护装置运行正常，无异常告警；

（8）室内温度在允许范围内，通风设备正常。

项目 3　10kV 柱上变压器的停（送）电操作

特种作业（电工）安全技术实操考试任务书（一）

一、题目

10kV 柱上变压器的停电操作（满分 40 分）。

二、工具、材料、设备场地

10kV 柱上变压器、全棉长袖工作服、安全帽、护目镜、绝缘手套、绝缘靴、绝缘杆、其他器材。

三、考核项目

××10kV 实训线×号柱上配电变压器渗漏油，需要检修维护。现在需要对该变压器（双绕组变压器，高压侧 10kV，低压侧 400V）进行停电操作，仪表显示正常，高压侧跌落保险和低压侧空开具备操作条件，请根据以下操作任务与要求正确开展倒闸操作。

（1）操作任务：10kV 柱上变压器由运行转检修。

（2）按照操作任务要求正确选择安全用具，做好个人防护工作。

（3）遵循安全操作规程，使用已审核的操作票正确进行现场操作。

（4）操作结束后，对操作质量进行检查。

四、考核方式及时间要求

（1）考核时间 30 分钟，实操考核，时间到停止考评。

（2）考评过程中如果由于考试人员操作不规范，有可能引发不安全因素的，停止考评，该考核项目不得分。

特种作业（电工）安全技术实操考试考评细则

单位：　　　　　　　　　　　　姓名：　　　　　　　　　　　　考试得分：

试题类型	10kV 柱上变压器的停电操作		考核时限	30 分钟
试题分值	40 分		考核方式	实操
需要说明的问题和要求	（1）按照操作任务要求正确选择安全用具，做好个人防护工作。 （2）遵循安全操作规程，使用已审核的操作票正确进行现场操作。 （3）操作结束后，对操作质量进行检查			
工具、材料、设备场地	10kV 柱上变压器、全棉长袖工作服、安全帽、护目镜、绝缘手套、绝缘靴、绝缘杆、其他器材			

序号	考试项目	项目操作名称	满分	质量要求	扣分
1	10kV 柱上变压器的停电操作	操作前的准备	8	正确选择倒闸操作所需的安全用具： ① 安全帽； ② 绝缘手套；	选择不正确扣 2 分；

序号	考试项目	项目操作名称	满分	质量要求	扣分
1	10kV 柱上变压器的停电操作	操作前的准备	8	③ 绝缘靴； ④ 绝缘操作杆； ⑤ 护目镜。 检查所需安全用具外观、结构及校验合格日期符合要求： ① 安全帽检查； ② 绝缘手套检查； ③ 绝缘靴检查； ④ 绝缘操作杆检查； ⑤ 护目镜检查。 做好个人安全防护（穿全棉长袖工作服、戴安全帽、绝缘手套和穿绝缘靴）； 正确执行模拟倒闸操作； 核对设备的位置、名称、编号和运行方式	未检查或检查不正确扣 2 分； 未做个人防护扣 2 分； 未执行扣 1 分； 未核对扣 1 分
		倒闸操作	28	遵循安全操作规程，使用已审核的操作票正确进行现场操作，操作步骤如下： 得令，10kV 柱上变压器由运行转检修； 断开二次侧低压负荷箱断路器，查变压器处于空载状态； 双手持绝缘操作杆拉开变压器一次侧中间相跌落式熔断器； 双手持绝缘操作杆拉开变压器一次侧下风相跌落式熔断器； 双手持绝缘操作杆拉开变压器一次侧上风相跌落式熔断器； 高压跌落式熔断器附近悬挂"禁止合闸，有人工作！"标示牌； 操作完毕，汇报	操作错误一项扣 4 分
		操作质量	4	对给定的操作任务，操作过程流畅规范； 在规定时间内操作完成，并进行全面复查	存在不规范操作行为扣 2 分； 超时或未全面复查扣 2 分
2	否定项	否定项说明		对给定的操作任务，考评过程中如发生误操作、操作顺序错误或由于操作人员操作不规范，有可能引发不安全因素的，该题得分为零分，终止该项目的考试	
3		合计	40	考试得分	

考评员：　　　　　　　　　　　　　日期：

特种作业（电工）安全技术实操考试任务书（二）

一、题目

10kV 柱上变压器的送电操作（满分 40 分）。

二、工具、材料、设备场地

10kV 柱上变压器、全棉长袖工作服、安全帽、护目镜、绝缘手套、绝缘靴、绝缘杆、其他器材。

三、考核项目

××10kV 实训线×号柱上配电变压器完成缺陷处理。现在需要对该变压器（双绕组变压器，高压侧 10kV，低压侧 400V）进行送电操作，高压侧跌落式熔断器和低压侧空气开关具备操作条件，请根据以下操作任务与要求正确开展倒闸操作。

（1）操作任务：10kV 柱上变压器由检修转运行。

（2）按照操作任务要求正确选择安全用具，做好个人防护工作。

（3）遵循安全操作规程，使用已审核的操作票正确进行现场操作。

（4）操作结束后，对操作质量进行检查。

四、考核方式及时间要求

（1）考核时间 30 分钟，实操考核，时间到停止考评。

（2）考评过程中如果由于考试人员操作不规范，有可能引发不安全因素的，停止考评，该考核项目不得分。

特种作业（电工）安全技术实操考试考评细则

单位：　　　　　　　　　　　　姓名：　　　　　　　　　　　　考试得分：

试题类型	10kV 柱上变压器的送电操作	考核时限	30 分钟
试题分值	40 分	考核方式	实操
需要说明的问题和要求	（1）按照操作任务要求正确选择安全用具，做好个人防护工作。 （2）遵循安全操作规程，使用已审核的操作票正确进行现场操作。 （3）操作结束后，对操作质量进行检查		
工具、材料、设备场地	10kV 柱上变压器、全棉长袖工作服、安全帽、护目镜、绝缘手套、绝缘靴、绝缘杆、其他器材		

序号	考试项目	项目操作名称	满分	质量要求	扣分
1	10kV 柱上变压器的停电操作	操作前的准备	8	正确选择倒闸操作所需的安全用具： ① 安全帽； ② 绝缘手套； ③ 绝缘靴； ④ 绝缘操作杆； ⑤ 护目镜。 检查所需安全用具外观、结构及校验合格日期符合要求： ① 安全帽检查； ② 绝缘手套检查； ③ 绝缘靴检查； ④ 绝缘操作杆检查； ⑤ 护目镜检查。 做好个人安全防护（穿全棉长袖工作服、戴安全帽、绝缘手套和穿绝缘靴）； 正确执行模拟倒闸操作； 核对设备的位置、名称、编号和运行方式	选择不正确扣 2 分； 未检查或检查不正确扣 2 分； 未做个人防护扣 2 分； 未执行扣 1 分； 未核对扣 1 分

序号	考试项目	项目操作名称	满分	质量要求	扣分
1	10kV 柱上变压器的停电操作	倒闸操作	28	遵循安全操作规程，使用已审核的操作票正确进行现场操作，操作步骤如下： 得令，10kV 柱上变压器检修完毕，转运行状态； 取下"禁止合闸，有人工作！"标示牌； 合上上风相跌落式熔断器，并检查线路和设施无异常； 合上下风相跌落式熔断器，并检查线路和设施无异常； 合上中间相跌落式熔断器，并检查线路和设施无异常； 合上低压侧断路器； 操作完毕，汇报	操作错误一项扣 4 分
		操作质量	4	对给定的操作任务，操作过程流畅规范； 在规定时间内操作完成，并进行全面复查	存在不规范操作行为扣 2 分； 超时或未全面复查扣 2 分
2	否定项	否定项说明		对给定的操作任务，考评过程中如发生误操作、操作顺序错误或由于操作人员操作不规范，有可能引发不安全因素的，该题得分为零分，终止该项目的考试	
3	合计		40	考试得分	

考评员：　　　　　　　　　　　　　日期：

项目 4　10kV 高压开关柜故障判断及处理

特种作业（电工）安全技术实操考试任务书

一、题目

10kV 高压开关柜故障判断及处理（满分 40 分）。

二、工具、材料、设备场地

10kV 高压开关柜、全棉长袖工作服、安全帽、绝缘手套、绝缘靴、绝缘垫、小车开关摇把、其他器材。

三、考核项目

××实训变电站 10kV Ⅰ 段出线 102 断路器微机保护动作跳闸，请根据故障告警信息正确判断故障，并将 10kV Ⅰ 段出线 102 断路器由运行转检修状态。

（1）按照作业任务要求正确选择安全用具，做好个人防护工作。

（2）按照高压开关柜中保护装置告警信息判断故障类型和性质。

（3）遵循安全操作规程，把高压开关柜转为检修状态。

（4）结束操作任务后，对操作质量进行检查。

四、考核方式及时间要求

（1）考核时间 30 分钟，实操考核，时间到停止考评。

（2）考评过程中如果由于考试人员操作不规范，有可能引发不安全因素的，停止考评，该考核项目不得分。

特种作业（电工）安全技术实操考试考评细则

单位：		姓名：		考试得分：
试题类型	10kV 高压开关柜故障判断及处理	考核时限		30 分钟
试题分值	40 分	考核方式		实操
需要说明的问题和要求	（1）按照作业任务要求正确选择安全用具，做好个人防护工作。 （2）按照高压开关柜中保护装置告警信息判断故障类型。 （3）遵循安全操作规程，把高压开关柜转为检修状态。 （4）结束操作任务后，对操作质量进行检查			
工具、材料、设备场地	10kV 高压开关柜、全棉长袖工作服、安全帽、绝缘手套、绝缘靴、绝缘垫、小车开关摇把、其他器材			

序号	考试项目	项目操作名称	满分	质量要求	扣分
1	10kV 高压开关柜故障判断及处理	操作前的准备	8	正确选择故障处理所需的安全用具（安全帽、绝缘手套、绝缘靴）； 检查所需安全用具外观、结构及校验合格日期符合要求； 做好个人安全防护（全棉长袖工作服、安全帽、绝缘手套和绝缘靴）； 正确模拟倒闸操作； 核对设备的位置、名称、编号和运行方式	选择不正确扣 2 分； 未检查或检查不正确扣 2 分； 未做个人防护扣 2 分； 未正确模拟倒闸操作扣 1 分； 未核对扣 1 分
		故障分析	10	观察高压开关柜保护装置的告警信息：10kV Ⅰ 段出线 102 开关过电流 Ⅰ 段、Ⅱ 段保护动作； 依据告警信息判断故障类型为线路发生近区间短路故障	未观察扣 4 分； 未判断或判断错误扣 6 分
		故障处理	22	遵循安全操作规程，正确处理故障： 得令，10kV Ⅰ 段出线 102 断路器由运行转检修； 查 10kV Ⅰ 段出线 102 断路器确已分闸； 查 10kV Ⅰ 段出线 102 断路器相关表计指示正常； 断开 10kV Ⅰ 段出线 102 断路器控制回路电源； 断开 10kV Ⅰ 段出线 102 断路器储能回路电源； 将 10kV Ⅰ 段出线 102 断路器手车摇至试验位置；	操作错误一项扣 2 分

序号	考试项目	项目操作名称	满分	质量要求	扣分
1	10kV 高压开关柜故障判断及处理	故障处理	22	取下 10kV Ⅰ 段出线 102 断路器二次线插头； 合上 10kV Ⅰ 段 102 断路器接地刀闸； 查 10kV Ⅰ 段出线 102 断路器接地刀闸确已合上； 在 10kV Ⅰ 段出线 102 断路器上悬挂"禁止合闸，有人工作！"标示牌； 在 10kV Ⅰ 段 102 断路器上悬挂"已接地！"标示牌。 操作完毕，汇报。	
2	否定项	否定项说明		故障处理过程中如发生误操作或由于操作人员操作不规范，有可能引发不安全因素的，该题得分为零分，终止该项目的考试	
3		合计	40	考试得分	

考评员：　　　　　　　　　　　　　　　日期：

项目 5　10kV 线路挂设保护接地线

特种作业（电工）安全技术实操考试任务书（一）

一、题目

10kV 线路挂设保护接地线（满分 40 分）。

二、工具、材料、设备场地

10kV 配电线路、全棉长袖工作服、安全帽、绝缘手套、绝缘靴、绝缘杆、10kV 高压验电器、标示牌、携带型短路接地线、接地杆、其他器材。

三、考核项目

××工业园 10kV 进线开展年度检修维护，目前已完成线路停电工作。线路检修施工前，需要对该 10kV 线路挂设保护接地线操作，保障人员作业安全，天气环境、作业工具和现场设备符合操作条件，请根据以下操作任务与要求正确开展现场操作。

（1）操作任务：10kV 线路挂设保护接地线。

（2）按照操作任务要求正确选择安全用具，做好个人防护工作。

（3）遵循安全操作规程，使用已审核的操作票正确进行现场操作。

（4）操作结束后，对操作质量进行检查。

四、考核方式及时间要求

（1）考核时间 30 分钟，实操考核，时间到停止考评。

（2）考评过程中如果由于考试人员操作不规范，有可能引发不安全因素的，停止考评，该考核项目不得分。

特种作业（电工）安全技术实操考试考评细则

单位：		姓名：		考试得分：	
试题类型	10kV 线路挂设保护接地线		考核时限		30 分钟
试题分值	40 分		考核方式		实操
需要说明的问题和要求	（1）按照作业任务要求正确选择安全用具，做好个人防护工作。 （2）遵循安全操作规程，使用已审核的操作票正确进行现场操作。 （3）操作结束后，对操作质量进行检查				
工具、材料、设备场地	10kV 配电线路、全棉长袖工作服、安全帽、绝缘手套、绝缘靴、绝缘杆、10kV 高压验电器、标示牌、携带型短路接地线、接地杆、其他器材				

序号	考试项目	项目操作名称	满分	质量要求	扣分
1	10kV 线路挂设保护接地线	操作前的准备	8	正确选择操作所需的安全用具： ① 安全帽； ② 绝缘手套； ③ 绝缘靴； ④ 绝缘操作杆； ⑤ 10kV 高压验电器； ⑥ 携带型短路接地线。 检查所需安全用具外观、结构、功能及校验合格日期符合要求： ① 安全帽检查； ② 绝缘手套检查； ③ 绝缘靴检查； ④ 绝缘操作杆检查； ⑤ 10kV 高压验电器检查； ⑥ 携带型短路接地线检查。 做好个人安全防护： ① 作业人应穿全棉长袖工作服； ② 正确戴好安全帽； ③ 戴绝缘手套； ④ 穿绝缘靴。 正确执行模拟倒闸操作。 核对线路的位置、名称、编号和运行方式	选择不正确扣 2 分； 未检查或检查不正确扣 2 分； 未做个人防护或不全面的扣 2 分； 未执行扣 1 分； 未核对扣 1 分
		操作技能	22	遵循安全操作规程，使用已审核的操作票正确进行现场操作，操作步骤如下： 得令，进行 10kV 线路挂设保护接地线操作。 接地前验电：先在带电设备上检查验电器功能正常，后在待停电 10kV 线路设备上验明三相确无电压。 挂设接地线：先挂设接地线接地端；逐相挂设带电导体端。 操作完毕，汇报	未验电扣 6 分；验电方法错误扣 3 分。 操作错误一项扣 10 分
		操作质量	10	接地线与导线连接可靠，没有缠绕现象； 操作人身不碰触接地线	连接不可靠或有缠绕现象扣 5 分； 碰触接地线扣 5 分
2	否定项	否定项说明		操作过程中如发生误操作或由于操作人员操作不规范，有可能引发不安全因素的，该题得分为零分，终止该项目的考试	
3		合计	40	考试得分	

考评员： 日期：

特种作业（电工）安全技术实操考试任务书（二）

一、题目

10kV 线路拆除保护接地线（满分 40 分）。

二、工具、材料、设备场地

10kV 配电线路、全棉长袖工作服、安全帽、绝缘手套、绝缘靴、绝缘杆、高压验电器、标示牌、携带型短路接地线、接地杆、其他器材。

三、考核项目

××工业园 10kV 进线开展年度检修维护，目前已完成线路检修工作。在恢复送电前，需要对该 10kV 线路拆除保护接地线操作，天气环境、作业工具和现场设备符合操作条件，请根据以下操作任务与要求正确开展现场操作。

（1）操作任务：10kV 线路拆除保护接地线。

（2）按照操作任务要求正确选择安全用具，做好个人防护工作。

（3）遵循安全操作规程，使用已审核的操作票正确进行现场操作。

（4）操作结束后，对操作质量进行检查。

四、考核方式及时间要求

（1）考核时间 30 分钟，实操考核，时间到停止考评。

（2）考评过程中如果由于考试人员操作不规范，有可能引发不安全因素的，停止考评，该考核项目不得分。

特种作业（电工）安全技术实操考试考评细则

单位：		姓名：		考试得分：
试题类型	10kV 线路拆除保护接地线	考核时限		30 分钟
试题分值	40 分	考核方式		实操
需要说明的问题和要求	（1）按照作业任务要求正确选择安全用具，做好个人防护工作。 （2）遵循安全操作规程，使用已审核的操作票正确进行现场操作。 （3）操作结束后，对操作质量进行检查			
工具、材料、设备场地	10kV 配电线路、全棉长袖工作服、安全帽、绝缘手套、绝缘靴、绝缘杆、10kV 高压验电器、标示牌、携带型短路接地线、接地杆、其他器材			

序号	考试项目	项目操作名称	满分	质量要求	扣分
1	10kV 线路拆除保护接地线	操作前的准备	8	正确选择操作所需的安全用具： ① 安全帽； ② 绝缘手套； ③ 绝缘靴； ④ 绝缘操作杆。 检查所需安全用具外观、结构、功能及校验合格日期符合要求：	选择不正确扣 2 分； 未检查或检查不正确扣 2 分；

续表

序号	考试项目	项目操作名称	满分	质量要求	扣分
1	10kV 线路拆除保护接地线	操作前的准备	8	① 安全帽检查； ② 绝缘手套检查； ③ 绝缘靴检查； ④ 绝缘操作杆检查。 做好个人安全防护： ① 作业人应穿全棉长袖工作服； ② 正确戴好安全帽； ③ 戴绝缘手套； ④ 穿绝缘靴。 正确执行模拟操作。 核对线路的位置、名称、编号和运行方式	未做个人防护或不全面的扣 2 分； 未执行扣 1 分； 未核对扣 1 分
		操作技能	22	遵循安全操作规程，使用已审核的操作票正确进行现场操作，操作步骤如下： 得令，进行 10kV 线路拆除保护接地线操作； 逐相（A、B、C 三相）拆除高压侧接地线导线； 拆除接地线接地端； 检查送电范围内无异物、无短路接地。 操作完毕，汇报	操作错误一项扣 10 分
		操作质量	10	操作过程中人身不碰触接地线； 工作完毕清理现场，交还工器具	碰触接地线扣 5 分； 未清理或交还扣 5 分
2	否定项	否定项说明		操作过程中如发生误操作或由于操作人员操作不规范，有可能引发不安全因素的，该题得分为零分，终止该项目的考试	
3	合计		40	考试得分	

考评员：　　　　　　　　　　　　日期：

项目 6　变压器绝缘测量

特种作业（电工）安全技术实操考试任务书（一）

一、题目

变压器高压侧的绝缘测量（满分 40 分）。

二、工具、材料、设备场地

10kV 配电变压器、绝缘电阻表、安全帽、全棉长袖工作服、绝缘手套、绝缘靴、验电器、放电棒、试验线、线手套、绝缘垫、标示牌。

三、考核项目

××实训变电站 10kV 双绕组变压器（1 号站用变压器）开展预防性绝缘试验，变压器型号：S11-50/10，10/0.4kV，变压器的高、低压侧引流线已经拆除，具备试验条件，请根据 DL/T 393—2021《输变电设备状态检修试验规程》要求，开展变压器高压侧的绝缘测量。

（1）按照作业任务要求正确选择测量用仪器仪表，做好个人防护工作。

（2）选用合适的测试仪器，对所选的仪器仪表进行检查。

（3）遵循安全操作规程，按照电气试验规程的要求正确操作。

（4）正确读数，并对测量数据进行判断。

（5）作业现场恢复整理。

四、考核方式及时间要求

（1）考核时间 30 分钟，实操考核，时间到停止考评。

（2）重点考核作业流程，具备安全作业要求再进行现场操作。

（3）考评过程中如果由于考试人员操作不规范，有可能引发不安全因素的，停止考评，该考核项目不得分。

特种作业（电工）安全技术实操考试考评细则

单位：		姓名：		考试得分：
试题类型	变压器高压侧的绝缘测量	考核时限		30 分钟
试题分值	40 分	考核方式		实操
需要说明的问题和要求	（1）按照作业任务要求正确选择测量用仪器仪表，做好个人防护工作。 （2）选用合适的测试仪器，对所选的仪器仪表进行检查。 （3）遵循安全操作规程，按照电气试验规程的要求正确操作。 （4）正确读数，并对测量数据进行判断。 （5）作业现场恢复整理。			
工具、材料、设备场地	10kV 配电变压器、绝缘电阻表、安全帽、全棉长袖工作服、绝缘手套、绝缘靴、验电器、放电棒、试验线、线手套、绝缘垫、标示牌			

序号	考试项目	项目操作名称	满分	质量要求	扣分
1	变压器绝缘测量	工作准备及检查	12	做好个人安全防护（穿绝缘靴、长袖工作服、戴安全帽、戴绝缘手套）； 检查绝缘电阻表、所用安全工器具外观及各部件的完好性，校验合格日期是否满足要求； 根据给定试品的电压等级选择正确的测试电压量程（2500V）； 测试前将绝缘电阻表进行一次开路试验和短路试验（红黑表笔开路时加压 2500V，数值显示为无穷大，红黑表笔短路时加压 2500V，数值显示为 0），检查绝缘电阻表是否良好； 测量前对变压器的高、低压桩头进行验电、放电，并将被测试品表面擦拭干净	未做个人防护扣 2 分； 未检查或检查不全面扣 2 分； 选择错误扣 3 分； 未进行调零或操作不正确扣 3 分。 未进行验电或放电扣 2 分

续表

序号	考试项目	项目操作名称	满分	质量要求	扣分
1	变压器绝缘测量	操作技能	22	接线： 将变压器高、低压桩头分别短接，测高压绕组对低压绕组及地绝缘电阻时，将低压绕组接地，绝缘电阻表"E"接在变压器外壳或地线上，"L"端通过测试线接高压绕组，测试线需悬空与接地线要分开。测量与读数： 将表放于平坦处加压 2500V（1min），待指针稳定后读数（测量吸收比分别记录15s和60s的绝缘电阻值）。 绝缘电阻表拆线及放电： 工作结束后，应先断开"L"端的引线，再将高压启动开关关闭，最后将电压量程选择开关切换至关闭档，利用放电棒对被测绕组进行有效放电（否则可能会存在残余电荷损坏表计）。 试验结果判断： 结合试验规程分析判断：绝缘电阻值大于 10 000MΩ 或大于3000MΩ（吸收比≥1.3）	错误一项扣2分，共计6分； 错误一项扣2分，共计8分； 错误一项扣2分，共计4分； 判断错误扣4分
		文明作业	6	按有关规定清理现场；交还工器具、仪表，工器具、仪表并无损坏	现场清理不干净或未清理扣2~4分； 未交还工器具、仪表扣2分
2	否定项	否定项说明		对给定的测量任务，无法正确选择合适的仪表，违反安全操作导致自身或仪表处于不安全状态等，该题得分零分，终止该项目考试	
3		合计	40	考试得分	

考评员：   日期：

特种作业（电工）安全技术实操考试任务书（二）

一、题目
变压器低压侧的绝缘测量（满分 40 分）。

二、工具、材料、设备场地
10kV 配电变压器、绝缘电阻表、安全帽、全棉长袖工作服、绝缘手套、绝缘靴、验电器、放电棒、试验线、线手套、绝缘垫、标示牌。

三、考核项目
××实训变电站 10kV 双绕组变压器（1 号站用变压器）开展预防性绝缘试验，变压器型号：S11－50/10，10/0.4kV，变压器的高、低压侧引流线已经拆除，具备试验条件，请根据 DL/T 393—2021《输变电设备状态检修试验规程》要求，开展变压器低压侧的绝缘测量。

（1）按照作业任务要求正确选择测量用仪器仪表，做好个人防护工作。

（2）选用合适的测试仪器，对所选的仪器仪表进行检查。

（3）遵循安全操作规程，按照电气试验规程的要求正确操作。

（4）正确读数，并对测量数据进行判断。

（5）作业现场恢复整理。

四、考核方式及时间要求

（1）考核时间30分钟，实操考核，时间到停止考评。

（2）重点考核作业流程，具备安全作业要求再进行现场操作。

（3）考评过程中如果由于考试人员操作不规范,有可能引发不安全因素的,停止考评,该考核项目不得分。

特种作业（电工）安全技术实操考试考评细则

单位：　　　　　　　　　　　　姓名：　　　　　　　　　　　　考试得分：

试题类型	变压器低压侧的绝缘测量	考核时限	30分钟
试题分值	40分	考核方式	实操
需要说明的问题和要求	（1）按照作业任务要求正确选择测量用仪器仪表，做好个人防护工作。 （2）选用合适的测试仪器，对所选的仪器仪表进行检查。 （3）遵循安全操作规程，按照电气试验规程的要求正确操作。 （4）正确读数，并对测量数据进行判断。 （5）作业现场恢复整理		
工具、材料、设备场地	10kV配电变压器、绝缘电阻表、安全帽、全棉长袖工作服、绝缘手套、绝缘靴、验电器、放电棒、试验线、线手套、绝缘垫、标示牌		

序号	考试项目	项目操作名称	满分	质量要求	扣分
1	变压器绝缘测量	工作准备及检查	12	做好个人安全防护（穿绝缘靴、长袖工作服、戴安全帽、戴绝缘手套）； 检查绝缘电阻表、所用安全工器具外观及各部件的完好性，校验合格日期是否满足要求； 根据给定试品的电压等级选择正确的测试电压量程（500V）； 测试前将绝缘电阻表进行一次开路试验和短路试验（红黑表笔开路时加压500V，数值显示为无穷大，红黑表笔短路时加压500V，数值显示为0），检查绝缘电阻表是否良好； 测量前对变压器的高、低压桩头进行验电、放电，并将被测试品表面擦拭干净	未做个人防护扣2分； 未检查或检查不全面扣2分； 选择错误扣3分； 未进行调零或操作不正确扣3分； 未进行验电或放电扣2分

序号	考试项目	项目操作名称	满分	质量要求	扣分
1	变压器绝缘测量	操作技能	22	接线： 将变压器高压、低压桩头分别短接，测低压绕组对高压绕组及地绝缘电阻时，将高压绕组接地，绝缘电阻表"E"接在变压器外壳或地线上，"L"端通过测试线接低压绕组，测试线需悬空与接地线要分开。	错误一项扣2分，共计6分；
				测量与读数： 将表放于平坦处加压 500V（1min），待指针稳定后读数（测量吸收比分别记录15s和60s的绝缘电阻值）。	错误一项扣2分，共计8分；
				绝缘电阻表拆线及放电： 工作结束后，应先断开"L"端的引线，再将高压启动开关关闭，最后将电压量程选择开关切换至关闭档，利用放电棒对被测绕组进行有效放电（否则可能存在残余电荷损坏表计）。	错误一项扣2分，共计4分；
				试验结果判断： 结合试验规程分析判断：绝缘电阻值大于 10 000MΩ 或大于3000MΩ（吸收比≥1.3）	判断错误扣4分
		文明作业	6	按有关规定清理现场；交还工器具、仪表，工器具、仪表无损坏	现场清理不干净或未清理扣2～4分； 未交还工器具、仪表扣2分
2	否定项	否定项说明		对给定的测量任务，无法正确选择合适的仪表，违反安全操作导致自身或仪表处于不安全状态等，该题得分零分，终止该项目考试	
3		合计	40	考试得分	

考评员：   日期：

项目7 电力电缆绝缘摇测

特种作业（电工）安全技术实操考试任务书

一、题目

电力电缆绝缘摇测（满分40分）。

二、工具、材料、设备场地

10kV 电力电缆、绝缘电阻表、安全帽、全棉长袖工作服、绝缘手套、绝缘靴、验电器、放电棒、试验线、线手套、绝缘垫、标示牌。

三、考核项目

××线路（10kV 三芯铠装电力电缆）在电缆头处存在疑似电晕放电，目前已完成电力电缆停电工作，需进一步排查该设备绝缘性能，根据 DL/T 596—2021《电力设备预防性试验规程》要求，开展电力电缆绝缘摇测。

（1）按照作业任务要求正确选择测量用仪器仪表，做好个人防护工作。

（2）选用合适的测试仪器，对所选的仪器仪表进行检查。

（3）遵循安全操作规程，按照电气试验规程的要求正确操作。

（4）正确读数，并对测量数据进行判断。

（5）作业现场恢复整理。

四、考核方式及时间要求

（1）考核时间 30 分钟，实操考核，时间到停止考评。

（2）重点考核作业流程，具备安全作业要求再进行现场操作。

（3）考评过程中如果由于考试人员操作不规范，有可能引发不安全因素的，停止考评，该考核项目不得分。

特种作业（电工）安全技术实操考试考评细则

单位：　　　　　　　　　　　　姓名：　　　　　　　　　　　考试得分：

试题类型	电力电缆绝缘摇测	考核时限	30 分钟
试题分值	40 分	考核方式	实操
需要说明的问题和要求	（1）按照作业任务要求正确选择测量用仪器仪表，做好个人防护工作。 （2）选用合适的测试仪器，对所选的仪器仪表进行检查。 （3）遵循安全操作规程，按照电气试验规程的要求正确操作。 （4）正确读数，并对测量数据进行判断。 （5）作业现场恢复整理		
工具、材料、设备场地	10kV 电力电缆、绝缘电阻表、安全帽、全棉长袖工作服、绝缘手套、绝缘靴、验电器、放电棒、试验线、线手套、绝缘垫、标示牌		

序号	考试项目	项目操作名称	满分	质量要求	扣分
1	电力电缆绝缘测试（10kV 三芯铠装电力电缆绝缘测试）	工作准备	12	做好个人安全防护（穿绝缘靴、长袖工作服、戴安全帽、戴绝缘手套）； 检查绝缘电阻表、所用安全工器具外观及各部件的完好性，校验合格日期是否满足要求； 根据给定试品的电压等级选择正确的测试电压量程（2500V）； 测试前将绝缘电阻表进行一次开路试验和短路试验（红黑表笔开路时加压 2500V，数值显示为无穷大，红黑表笔短路时加压 2500V，数值显示为 0），检查绝缘电阻表是否良好； 测量前对电缆应验电、放电、挂标示牌，拆除两端电源线，并擦拭线端及附近	未做个人防护扣 2 分； 未检查或检查不全面扣 2 分； 选择错误扣 3 分； 未进行调零或操作不正确扣 3 分； 未进行扣 2 分

续表

序号	考试项目	项目操作名称	满分	质量要求	扣分
1	电力电缆绝缘测试（10kV 三芯铠装电力电缆绝缘测试）	操作技能	22	摇测项目为相对相及铠装的绝缘，三芯电缆共摇测三次。 接线： 把 BC 相及铠装短接后接于绝缘电阻表 E 端，用裸铜线在 A 相线芯绝缘层外绕 3～5 圈，再用带绝缘皮的软铜线接于绝缘电阻表 G 端。 测量与读数： 稳定输出 2500V 电压，再搭接绝缘电阻表 L 线至电缆 A 相线芯，指针稳定后记录读数第一次测量结束后先取下L线再将高压启动开关关闭，对电缆进行放电后再拆线，测量下一相，分别摇测 B 对 AC 和 C 对 AB 及铠装的绝缘。 绝缘电阻表拆线及放电： 工作结束后，应先断开"L"端的引线，再将高压启动开关关闭，最后将电压量程选择开关切换至关闭档，利用放电棒对被测电缆进行有效放电（否则可能会存在残余电荷损坏表计）。 试验结果判断： 结合试验规程分析判断：绝缘电阻值不小于 1000MΩ 为合格	操作错误每项扣 2分，本项目扣完为止
		文明作业	6	按有关规定清理现场；交还工器具，仪表，工器具，仪表无损坏	未清理扣 2～4 分；未交还扣 2 分
2	否定项	否定项说明		对给定的测量任务，无法正确选择合适的仪表，违反安全操作导致自身或仪表处于不安全状态等，该题得零分，终止该项目考试	
3		合计	20	考试得分	

考评员：　　　　　　　　　　　日期：

项目 8　变压器分接开关调整

特种作业（电工）安全技术实操考试任务书

一、题目

变压器分接开关调整（满分 40 分）。

二、工具、材料、设备场地

10kV 配电变压器、万用表、直流电阻测试仪、安全帽、线手套、绝缘靴、绝缘垫、标示牌、活动扳手、其他器材。

三、考核项目

××工厂电机转速较快，经测量发现低压 380V 负荷侧电压较高，需对 10kV 配电变压器进行分接开关调整，该配电变压器为双绕组（10kV/380V），目前已完成变压器停电工作，接到调档操作令，请根据下列要求开展现场操作。

（1）按照作业任务要求正确选择测量用仪器仪表、工器具及施工材料，做好个人防护工作。

（2）对所选的仪器仪表进行检查。

（3）遵循安全操作规程，正确进行变压器分接开关调整操作。

（4）遵循安全操作规程，正确测量变压器直流电阻。

（5）正确读数，并对测量数据进行判断。

（6）作业现场恢复整理。

四、考核方式及时间要求

（1）考核时间30分钟，实操考核，时间到停止考评。

（2）考评过程中如果由于考试人员操作不规范，有可能引发不安全因素的，停止考评，该考核项目不得分。

特种作业（电工）安全技术实操考试考评细则

单位：　　　　　　　　　　姓名：　　　　　　　　　　考试得分：

试题类型	变压器分接开关调整	考核时限	30分钟
试题分值	40分	考核方式	实操
需要说明的问题和要求	（1）按照作业任务要求正确选择测量用仪器仪表、工器具及施工材料，做好个人防护工作。 （2）对所选的仪器仪表进行检查。 （3）遵循安全操作规程，正确进行变压器分接开关调整操作。 （4）遵循安全操作规程，正确测量变压器直流电阻。 （5）正确读数，并对测量数据进行判断。 （6）作业现场恢复整理		
工具、材料、设备场地	10kV配电变压器、万用表、直流电阻测试仪、安全帽、线手套、绝缘靴、绝缘垫、标示牌、活动扳手、其他器材		

序号	考试项目	项目操作名称	满分	质量要求	扣分
1	变压器分接开关调整	工作准备	6	正确选择所需的安全用具、仪器仪表： ① 安全帽； ② 绝缘手套； ③ 绝缘靴； ④ 万用表； ⑤ 直流电阻测试仪。 检查所需安全用具、仪器仪表外观、结构、功能及校验合格日期符合要求。 做好个人安全防护： ① 作业人应穿全棉长袖工作服； ② 正确戴好安全帽； ③ 戴绝缘手套； ④ 穿绝缘靴	选择不正确扣2分； 未检查或检查不正确扣2分； 未做个人防护或不全面的扣2分

续表

序号	考试项目	项目操作名称	满分	质量要求	扣分
1	变压器分接开关调整	操作技能	32	分接开关调整过程： ① 拆除变压器接线； ② 拧开变压器上的分接开关保护盖，将定位销置于空挡位置； ③ 先用万用表测量一次绕组的直流电阻（线间电阻），并做记录，测量前后应放电； ④ 再用直流电阻测试仪精确测量一次绕组的直流电阻（线间电阻），并做记录，测量前后应放电； ⑤ 转动开关手柄至所需档位（原则：高往高调，低往低调），并反复数次以便清除触点表面的氧化物； ⑥ 先用万用表测量一次绕组的直流电阻（线间电阻），并做记录，测量前后应放电； ⑦ 再用直流电阻测试仪精确测量一次绕组的直流电阻（线间电阻），并做记录，测量前后应放电； ⑧ 比较测量结果不平衡误差不应超过2%，调整前与调整后的结果进行比较，不应有明显的偏差； ⑨ 计算结果确认合格后，锁定定位销（或螺栓），将保护盖装好并紧固，恢复变压器接线	操作错误每项扣3～4分，本项目扣完为止
		文明作业	2	清理现场，交还工器具，按有关规定进行操作	现场清理不干净或未清理扣2分
2	否定项	否定项说明		存在重大安全风险的操作，对人身或者设备构成安全威胁（未明确工作任务或未完成安全要点进行实操），该题得零分，终止该项目考试	
3		合计	40	考试得分	

考评员：   日期：

项目9 导线在绝缘子上绑扎

特种作业（电工）安全技术实操考试任务书

一、题目

导线在绝缘子上绑扎（满分40分）。

二、工具、材料、设备场地

安全帽、线手套、10kV绝缘子、绝缘鞋、布置帆布、导线、铝包带、扎线，其他器材、工具。

三、考核项目

××配电线路施工现场，现场完成绝缘子和线路架设安装，需要对导线与10kV绝缘子固定绑扎，配备了若干绑扎材料，根据《配电网施工检修工艺规范》的要求，请根据下列要求，采用正确的绑线操作完成现场作业。

（1）按照作业任务要求做好个人防护工作。

（2）正确选用铝包带、扎线，并进行外观检查。

（3）遵循安全操作规程，进行导线在绝缘子上绑扎的操作。

（4）作业现场恢复整理。

四、考核方式及时间要求

（1）考核时间 30 分钟，实操考核，时间到停止考评。

（2）考评过程中如果由于考试人员操作不规范，有可能引发不安全因素的，停止考评，该考核项目不得分。

特种作业（电工）安全技术实操考试考评细则

单位：　　　　　　　　　　　姓名：　　　　　　　　　　　考试得分：

试题类型	导线在绝缘子上绑扎	考核时限	30 分钟
试题分值	40 分	考核方式	实操
需要说明的问题和要求	（1）按照作业任务要求做好个人防护工作。 （2）正确选用铝包带、扎线，并进行外观检查。 （3）遵循安全操作规程，进行导线在绝缘子上绑扎的操作。 （4）作业现场恢复整理		
工具、材料、设备场地	安全帽、线手套、10kV 绝缘子、绝缘鞋、布置帆布、导线、铝包带、扎线，其他器材、工具		

序号	考试项目	项目操作名称	满分	质量要求	扣分
1	导线在绝缘子上绑扎	工作准备	6	工作前准备。做好个人安全防护： ① 戴安全帽； ② 戴干净线手套； ③ 穿绝缘鞋； ④ 穿全棉长袖工作服。 正确选用铝包带、扎线并进行外观检查，满足现场工作需要	未做个人防护扣 2 分； 选择错误每项扣 2 分，共计 4 分
		工作过程	32	将导线固定部位缠上铝包带： ① 铝包带缠绕应紧密； ② 缠绕方向正确，缠绕方向与导线外股绞制方向一致； ③ 铝包带缠绕长度合适，缠绕长度两端各大于绑扎点 30mm。 导线在绝缘子侧向绑扎方法（边槽绑扎法）正确： ① 架扎线：顺导线外层绞制方向，将扎线中点架在导线上； ② 平颈缠绕：扎线绕过导线，两端缠绕方向一致； ③ 二次架线：绕过导线提起，架成双十字； ④ 二次平颈缠绕：扎线再绕过导线，两端缠绕方向一致，且扎线不得交叉互压；	每错一项扣 5 分； 绑扎松动、不紧密扣 5 分； 绑扎方法错误每处扣 2 分，共计 12 分

续表

序号	考试项目	项目操作名称	满分	质量要求	扣分
1	导线在绝缘子上绑扎	工作过程	32	⑤ 缠绕导线：绕过导线提起，在导线上每端绕 8 圈半，紧密无缝隙； ⑥ 扎线头处理：扎线头长 10mm，与导线成 90°，回头与扎线贴平	
		文明作业	2	清理现场，交还工器具，按有关规定进行操作	现场清理不干净或未清理扣 2 分
2	否定项	否定项说明		存在重大安全风险的操作，对人身或者设备构成安全威胁（未明确工作任务或未完成安全要点，进行实操），该题得零分，终止该项目考试	
3	合计		40	考试得分	

考评员：　　　　　　　　　　　　日期：

科目三　作业现场安全隐患排除

项目 1　判断作业现场存在的安全风险、职业病危害

特种作业（电工）安全技术实操考试任务书

一、题目

判断作业现场存在的安全风险、职业病危害（满分 20 分）。

二、工具、材料、设备场地

××变电站值班员正在开展高压电工作业，作业现场如图 1、图 2 所示。

图 1　作业现场（一）

图 2　作业现场（二）

三、考核项目

（1）依据考评员提供的高压电工作业现场图片，口述其中的作业任务或用电环境。

（2）指出其中存在的安全风险和职业病危害。

四、考核方式及时间要求

（1）考核时间10分钟，口述，时间到停止考评。

（2）考评过程中如果由于考试人员操作不规范，有可能引发不安全因素的，停止考评，该考核项目不得分。

特种作业（电工）安全技术实操考试考评细则

单位：		姓名：		考试得分：
试题类型	判断作业现场存在的安全风险、职业病危害	考核时限		10分钟
试题分值	20分	考核方式		口述
需要说明的问题和要求	（1）依据考评员提供的高压电工作业现场图片，口述其中的作业任务或用电环境。 （2）指出其中存在的安全风险和职业病危害			
工具、材料、设备场地	作业现场图片或高压电工作业现场的违章作业视频（电脑、多媒体、播放器、投影幕、投影机、多媒体教室），其他器材、工具			

序号	考试项目	项目操作名称	满分	质量要求	扣分
1	判断作业现场存在的安全风险、职业病危害	观察图片所示的作业现场，明确作业任务或用电环境	5	图1所示作业现场是正在开展高压开关柜的倒闸操作任务； 图2所示作业现场是正在开展电力设备接地之前的验电任务	每错一项扣3分，扣完为止
		安全风险和职业病危害判断	15	口述其中存在的安全风险及职业病危害： 图1作业人员未戴绝缘手套操作带电高压设备，可能会造成触电危害； 图2作业人员在使用验电器时握手部位超过验电器护环，可能会造成绝缘距离不足引起的触电危害； 图2作业人员未戴安全帽，作业过程当中可能会造成对人员头部的机械伤害； 图2作业人员未戴绝缘手套，作业人员可能发生感应电伤人风险	每少或错一项扣3分，扣完为止
2	合计		20	考试得分	

考评员：　　　　　　　　　　　　　日期：

项目 2 结合实际工作任务，排除作业现场存在的安全风险、职业病危害

特种作业（电工）安全技术实操考试任务书

一、题目

结合实际工作任务，排除作业现场存在的安全风险、职业病危害（满分 20 分）。

二、工具、材料、设备场地

10kV 变压器、绝缘电阻表、安全帽、全棉长袖工作服、绝缘靴、线手套、绝缘手套、验电器、放电棒、接地线、标示牌、围栏、其他器材。

三、考核项目

××变电站 10kV 双绕组变压器（1 号站用变压器）开展绝缘电阻测量试验。变压器型号：S11-50/10，10/0.4kV，变压器的高、低压侧引流线已经拆除，具备试验条件。

（1）明确作业任务，做好个人防护。

（2）观察作业现场环境，排除作业现场存在的安全风险。

（3）口述该项操作的安全规程。

四、考核方式及时间要求

（1）考核时间 10 分钟，口述，时间到停止考评。

（2）考评过程中如果由于考试人员操作不规范，有可能引发不安全因素的，停止考评，该考核项目不得分。

特种作业（电工）安全技术实操考试考评细则

单位：　　　　　　　　　　　　姓名：　　　　　　　　　　　　考试得分：

试题类型	结合实际工作任务，排除作业现场存在的安全风险、职业病危害	考核时限	10 分钟
试题分值	20 分	考核方式	实操/口述
需要说明的问题和要求	（1）明确作业任务，做好个人防护。 （2）观察作业现场环境。 （3）排除作业现场存在的安全风险。 （4）进行安全操作		
工具、材料、设备场地	10kV 配电变压器、绝缘电阻表、安全帽、全棉长袖工作服、绝缘靴、线手套、绝缘手套、验电器、放电棒、试验线、标示牌、围栏、其他器材，具体工作场景		

序号	考试项目	项目操作名称	满分	质量要求	扣分
1	结合实际工作任务，排除作业现场存在的安全风险、职业病危害	个人安全意识	4	口述作业任务（变压器绝缘电阻测量），选择作业所需的工具和仪器设备（绝缘电阻表、安全帽、绝缘靴、线手套、绝缘手套、验电器、放电棒、试验线、标示牌、围栏）； 做好个人安全防护（棉制工作服、安全帽、绝缘靴、绝缘手套）	错误一项扣 1 分，共计 3 分； 未做好个人防护扣 1 分

续表

序号	考试项目	项目操作名称	满分	质量要求	扣分
1	结合实际工作任务，排除作业现场存在的安全风险、职业病危害	风险排除	10	观察作业现场环境，排除作业现场存在的安全风险： ① 在工作地点（10kV 配电变压器）四周装设围栏，其出入口要围至邻近道路旁边，并设有"从此进出！"的标示牌； ② 在工作地点（10kV 配电变压器）四周围栏上悬挂适当数量的"止步，高压危险！"标示牌，标示牌应朝向围栏之内； ③ 工作地点（10kV 配电变压器）设置"在此工作！"标示牌	每少排除一个扣 3 分； 若未排除项会影响操作时人身和设备的安全，扣 10 分
	安全操作	安全规程	6	口述该项操作的安全规程： ① 使用绝缘电阻表测量高压设备绝缘时，应由两人进行。试验负责人应由有经验的人员担任，开工前，工作负责人向全体作业人员详细交待作业任务、安全措施、邻近间隔的带电部位以及其他安全注意事项。 ② 禁止作业人员擅自移动或拆除围栏、标示牌。 ③ 在测量绝缘前后、变更接线时，应对变压器充分放电，以防止剩余电荷伤人。 ④ 测量绝缘时，应将被测设备从各方面断开，验明无电压，确实证明设备无人工作后，方可进行。在测量中禁止他人接近被测设备。 ⑤ 测量用的导线，应使用相应的绝缘导线，其端部应有绝缘套。 ⑥ 试验结束时，试验人员应拆除自装的接地短路线，并对被试设备进行检查，恢复试验前的状态，经工作负责人复查后，进行现场清理	每少说或错误一条扣 1 分
2	合计		20	考试得分	

考评员：　　　　　　　　　　日期：

模块三　电力电缆作业

科目一　安全用具使用

项目1　10kV三芯铠装电力电缆绝缘摇测

特种作业（电工）安全技术实操考试任务书

一、题目

10kV三芯铠装电力电缆绝缘摇测（满分20分）。

二、工具、材料、设备场地

万用表（数字式、指针式），钳形电流表（数字式、指针式），500V、1000V、2500V绝缘电阻表（数字式、指针式），电缆线路核相仪（含电池），绝缘手套，放电棒其他设备、器材。

三、考核项目

××变电站10kV××线路跳闸，经查证该条线路发生短路故障，该线路为三芯交联聚乙烯电力电缆线路，对该线路进行停电操作，线路对侧开关处有专人监护，现需要对其主绝缘进行绝缘电阻测试，以验证其故障类型。

（1）按给定的测量任务，选择合适的电工仪表。

（2）所选的电工仪表进行检查。

（3）根据操作项目正确使用仪表完成10kV三芯铠装电力电缆绝缘摇测。

（4）正确读数，并对测量数据进行判断。

四、考核方式及时间要求

（1）考核时间10分钟，实操及口述，时间到停止考评。

（2）考评过程中如果由于考试人员操作不规范，有可能引发不安全因素的，停止考评，该考核项目不得分。

特种作业（电工）安全技术实操考试考评细则

单位：　　　　　　　　　　　　　姓名：　　　　　　　　　　　　考试得分：

试题类型（编号）	10kV 三芯铠装电力电缆绝缘摇测	考核时限		10 分钟
试题分值	20 分	考核方式		实操/口述
需要说明的问题和要求		（1）按给定的测量任务，选择合适的电工仪表。 （2）对所选的仪表进行检查。 （3）根据操作项目正确使用仪表进行 10kV 三芯铠装电力电缆绝缘摇测。 （4）正确读数，并对测量数据进行判断		
工具、材料、设备场地		万用表（数字式、指针式），钳形电流表（数字式、指针式），500V、1000V、2500V 绝缘电阻表（数字式、指针式），电缆线路核相仪（含电池），绝缘手套，放电棒其他设备、器材		

序号	考试项目	项目操作名称	满分	质量要求	扣分
1	电工仪表使用	选用 2500V 绝缘电阻表	4	10kV 三芯铠装电力电缆绝缘的测试	正确选用相应电压等级的绝缘电阻表，选择错误扣 4 分
		工器具检查	4	正确检查所用仪表的外观及校验合格日期； 检查绝缘电阻表电池、测试线完好性； 检查绝缘手套外观、试验周期和气密性； 检查其他需要使用的工器具外观和试验周期在范围内	未检查、检查错误每一处扣 2 分
		绝缘测量过程	10	做好个人安全防护： 穿绝缘靴、长袖工作服、戴安全帽、戴干净线手套。 进行测量前安全准备：电缆应停电、验电、放电、挂标示牌，拆除两端电源线，擦净线端及附近。 摇测项目为相对其他两相及地（铠装）的绝缘： ① 三芯电缆摇测三次； ② 摇测 A 对 BC 及铠装的绝缘：把 BC 及铠装短连后接于 E，用裸铜线在 A 相线芯绝缘层外绕 3～5 圈，再用带绝缘皮的软铜线接于表 G； ③ 开始加压，再搭接 L 线，指针稳定后记录读数，先撤 L 线，放电后拆线、测下一项目； ④ 分别摇测 B 对 AC、C 对 AB 及铠装的绝缘	未进行扣 2 分； 操作步骤违反安全规程或操作步骤每项扣 2 分，本项目扣完为止
		对测量结果进行判断	2	结合试验规程分析判断：绝缘电阻值不小于 1000MΩ 为合格	错误扣 2 分
2	否定项	否定项说明		对给定的测量任务，无法正确选择合适的仪表，违反安全操作导致自身或仪表处于不安全状态等，该题得分零分，终止该项目考试	
3	合计		20	考试得分	

考评员：　　　　　　　　　　　　　日期：

项目 2　10kV 验电器检查、使用与保管

特种作业（电工）安全技术实操考试任务书

一、题目

10kV 验电器检查、使用与保管（满分 20 分）。

二、工具、材料、设备场地

10kV 验电器、高压放电棒、绝缘棒、绝缘手套、安全帽、携带型三相短路接地线、安全带、其他器材。

三、考核项目

××电网公司的电力安全工器具摆放间的部分安全工器具完成送检校验，摆放间安全员依据安全工器具管理的相关规定和要求进行 10kV 验电器对应的检查，根据下列考核项目完成答题。

（1）选择与被验设备电压等级相匹配的验电器。

（2）叙述验电器的用途及结构。

（3）对所选的验电器进行检查。

（4）正确使用验电器进行测试。

（5）正确进行判断。

（6）叙述 10kV 验电器的保养要求。

四、考核方式及时间要求

（1）考核时间 10 分钟，实操及口述，时间到停止考评。

（2）考评过程中如果由于考试人员操作不规范，有可能引发不安全因素的，停止考评，该考核项目不得分。

特种作业（电工）安全技术实操考试考评细则

单位：　　　　　　　　　　姓名：　　　　　　　　　　考试得分：

试题类型（编号）	10kV 验电器检查、使用与保管	考核时限	10 分钟
试题分值	20 分	考核方式	实操/口述
需要说明的问题和要求	（1）熟知 10kV 验电器的用途及结构。 （2）能对 10kV 验电器进行检查。 （3）正确使用 10kV 验电器。 （4）熟悉 10kV 验电器保养要求		
工具、材料、设备场地	10kV 验电器、高压放电棒，绝缘棒，绝缘手套，安全帽，携带型三相短路接地线，安全带，其他设备、设施、器材		

续表

序号	考试项目	项目操作名称	满分	质量要求	扣分
1	10kV 验电器使用	10kV 验电器的用途及结构	2	判定设备或线路导体是否带电；叙述验电器的结构和用途	判断错误扣 1 分，叙述有误每项扣 1 分
		10kV 验电器的检查	5	检查验电器外观是否完好、连接是否牢固，检查电压等级是否相符、是否有合格证、有效期 1 年，自检电路是否正常	每项扣 2 分，本项目扣完为止
		正确使用 10kV 验电器	12	① 验电必须穿绝缘靴、长袖工作服、戴安全帽、戴绝缘手套；② 高压验电必须有专人监护，若无专人监护不得验电；③ 正式验电前必须在已知带电体上检验验电器作用良好；④ 必须逐相验电，手握部分应在护环以下；⑤ 验电时必须注意保持安全距离	操作步骤违反安全规程或操作步骤，第①步骤漏项扣 2 分，其余项扣 10 分，扣完为止
		10kV 验电器的保养	1	验电器使用完毕，应放入专用盒内，并置于干燥场所保管	叙述错误扣 1 分
2		合计	20	考试得分	

考评员：　　　　　　　　　　　　日期：

项目 3　电工安全标示的辨识

特种作业（电工）安全技术实操考试任务书

一、题目

电工安全标示的辨识（满分 20 分）。

二、工具、材料、设备场地

5 个标示牌（见图 1）："止步，高压危险""从此上下""禁止合闸，有人工作""禁止攀登""从此进出"等。

三、考核项目

（1）正确指出提供的电力电缆作业常用的安全标示含义及类型，至少说出 5 个。

（2）对指定的安全标示用途进行解释。

（3）描述每个标示牌使用的作业场景，及正确悬挂位置。

四、考核方式及时间要求

（1）考核时间 10 分钟，实操及口述，时间到停止考评。

（2）考评过程中如果由于考试人员操作不规范，有可能引发不安全因素的，停止考评，该考核项目不得分。

图1 电工安全标示牌

特种作业（电工）安全技术实操考试考评细则

单位：　　　　　　　　　姓名：　　　　　　　　　考试得分：

试题类型	电工安全标示的辨识	考核时限	10分钟
试题分值	20分	考核方式	实操/口述
需要说明的问题和要求	（1）熟悉高压电工作业常用的安全标示。 （2）能对指定的安全标示用途进行解释。 （3）能对指定的作业场景正确布置相关的安全标示		
工具、材料、设备场地	标示牌："止步，高压危险""从此上下""从此进出""禁止攀登""禁止合闸，有人工作"		

序号	考试项目	项目操作名称	满分	质量要求	扣分
1	常用的安全标示的辨识	熟悉常用的安全标示	5	指认图片上所列的5个安全标示； 正确叙述每个标示牌的类型：禁止标志、警告标志和指示标志； 准确叙述标示牌的含义	每错、缺一个标示牌的类型或含义扣1分
		常用安全标示用途解释	5	考评员随机指定5个安全标示，考生对用途进行说明，"止步，高压危险""从此上下""从此进出""禁止攀登""禁止合闸，有人工作"	错误一项1分

序号	考试项目	项目操作名称	满分	质量要求	扣分
2	常用的安全标示的辨识	描述每个标示牌使用的作业场景及正确悬挂位置	10	描述每个标示牌使用的作业场景，及正确悬挂位置。 禁止标示主要用于作业现场线路、电缆环网柜（分支箱）、开闭所、开关等设备上； 指示标志主要用于作业现场围栏出入口、铁架、爬梯等地方，提醒现场人员按照提示牌进行工作	每错、缺一处扣1分
3		合计	20	考试得分	

考评员：　　　　　　　　　　日期：

科目二　安全操作技术

项目1　电力电缆线路核相操作

特种作业（电工）安全技术实操考试任务书（一）

一、题目

电力电缆低压线路核相操作（满分40分）。

二、工具、材料、设备场地

核相仪、万用表、0.4kV带电线路、安全帽、绝缘手套、绝缘靴、绝缘垫、高压验电器、放电棒、标示牌、接地线、纯棉线手套、其他设备和耗材。

三、考核项目

××学院院区新增一条0.4kV线路，该出线电缆目前已具备投运条件，现需送电。送电前需要对该电缆线路进行线路相位相序核对操作。

（1）按照作业任务要求正确选择安全用具，做好个人防护工作。

（2）遵循安全操作规程，按照规定步骤正确操作。

（3）操作结束后，对操作质量进行检查。

四、考核方式及时间要求

（1）考核时间15分钟，实操考核，时间到停止考评。

（2）考评过程中如果由于考试人员操作不规范，有可能引发不安全因素的，停止考评，该考核项目不得分。

特种作业（电工）安全技术实操考试考评细则

单位：　　　　　　　　　　　　姓名：　　　　　　　　　　　考试得分：

试题类型（编号）	电力电缆低压线路核相操作	考核时限	30分钟
试题分值	40分	考核方式	实操
需要说明的问题和要求	（1）按照作业任务要求正确选择安全用具，做好个人防护工作。 （2）遵循安全操作规程，按照规定步骤正确操作。 （3）操作结束后，对操作质量进行检查		
工具、材料、设备场地	核相仪、万用表、0.4kV带电线路、安全帽、绝缘手套、绝缘靴、绝缘垫、高压验电器、放电棒、标示牌、接地线、纯棉线手套、其他设备和耗材		

序号	考试项目	项目操作名称	满分	质量要求	扣分
1	电力电缆线路核相操作（考核0.4kV系统）	核相前的准备	18	① 个人安全防护（安全帽、工作服、绝缘靴、绝缘手套正确佩戴）； ② 检查绝缘手套，检查验电器，试品验电，检查万用表在校验合格期内，检查万用表试验合格标签在试验周期之内，检查电池电量充足； ③ 使用前自检，检查万用表（接线红表笔插进"+"，黑表笔插进"−"孔内，将万用表打至电阻测量档位，将两表笔断接读数为"0"，将两表笔开路读数为"1"则表明该万用表可以正常使用）	未做好个人安全防护，错一项扣2分，共8分； 未检查设备，错、漏一项扣1分，共5分； 未对万用表进行测试扣5分
		安全实操	22	① 根据考评员指令，以电源点某一项相为基准，核对带电铜牌相序，佩戴绝缘手套挂接。 ② 根据变压器低压侧额定电压选择万用表交流电压500V档位。 ③ 先在有电的设备上测试，检查有电压指示，判断交流电压测试功能正常。 ④ 操作者一人手持一只表笔碰触已知相位电源一相线，另一手持另一表笔挂钩逐相碰触未知相序的各相铜牌。当电压表指示值近似为线电压时表示不同相，电压表指示值近似为零时表示同相，核为同相后应将测量为同相电源以对应颜色绝缘胶带做标识。 ⑤ 正确说出未知铜牌相序。 ⑥ 正确执行工作终结制度，清理场地（可适当扣分）	不按统一指令操作扣2分； 未戴绝缘手套扣2分； 万用表档位选择不正确扣5分； 未对万用表进行测试扣5分； 操作步骤不完整扣3分；核对结果错误扣5分
2	否定项	否定项说明		操作人必须在考评人统一指令下操作，无此安全意识无法保证核相安全进行，该题得零分，终止该项目考试	
3		合计	40	考试得分	

考评员：　　　　　　　　　　　　日期：

特种作业（电工）安全技术实操考试任务书（二）

一、题目

电力电缆高压线路核相操作（满分 40 分）。

二、工具、材料、设备场地

核相仪、万用表、10kV 带电线路、安全帽、绝缘手套、绝缘靴、绝缘垫、高压验电器、放电棒、标示牌、接地线、纯棉线手套、其他设备和耗材。

三、考核项目

××学院院区主供电源 10kV 实训 1 号线需要进行停电检修，因所带用户有重要负荷无法停电，现需与备供电源 10kV 实训 2 号线进行合环操作实现不停电负荷切改，合环操作前需对联络开关两侧线路进行相位相序核对操作，请根据下列要求开展现场核相操作。

（1）按照作业任务要求正确选择安全用具，做好个人防护工作。

（2）遵循安全操作规程，按照规定步骤正确操作。

（3）操作结束后，对操作质量进行检查。

四、考核方式及时间要求

（1）考核时间 30 分钟，实操考核，时间到停止考评。

（2）考评过程中如果由于考试人员操作不规范，有可能引发不安全因素的，停止考评，该考核项目不得分。

特种作业（电工）安全技术实操考试考评细则

单位：　　　　　　　　　　　姓名：　　　　　　　　　　　考试得分：

试题类型	电力电缆高压线路核相操作	考核时限	30 分钟
试题分值	40 分	考核方式	实操

需要说明的问题和要求	（1）按照作业任务要求正确选择安全用具，做好个人防护工作。 （2）遵循安全操作规程，按照规定步骤正确操作。 （3）操作结束后，对操作质量进行检查
工具、材料、设备场地	核相仪、万用表、10kV 带电线路、安全帽、绝缘手套、绝缘靴、绝缘垫、高压验电器、放电棒、标示牌、接地线、纯棉线手套、其他设备和耗材

序号	考试项目	项目操作名称	满分	质量要求	扣分
1	电力电缆线路核相操作（考核 10kV 系统）	核相前的准备	18	① 个人安全防护（安全帽、工作服、绝缘靴、绝缘手套正确佩戴）。工器具检查（验电器、核相仪、测量棒）。 ② 检查绝缘手套外观、合格证、试验日期、气密性；检查验电器并对试品验电；检查核相仪电量及在校验合格期内；检查核相仪电池电量充足，显示灯正常。检查核相仪额定电压与所测量线路一致	未做好个人安全防护，错一项扣 2 分，共 8 分； 每漏一项扣 2 分，共 10 分

续表

序号	考试项目	项目操作名称	满分	质量要求	扣分
1	电力电缆线路核相操作（考核10kV系统）	安全实操	22	① 根据考评员指令，将核相仪放置于平坦处，以主供电源某一相为基准，佩戴绝缘手套将一号测量棒（X端）挂接在主供电源基准相，将二号测量棒（Y端）挂接在备供电源目标相，逐相进行测量。 ② 挂接好测量棒后，观察核相仪并记录测量结果，听核相仪语音播报，将测量结果复述并进行记录，按照0°、120°、−120°判定。 ③ 正确判断主供电源与备供电源相序，并进行分析	不按统一指令操作扣3分； 未戴绝缘手套扣4分； 操作步骤不完整扣3分； 未正确分析核相结果扣6分； 核对结果错误扣6分
2	否定项	否定项说明		操作人必须在考评人统一指令下操作，无此安全意识无法保证核相安全进行，该题得零分，终止该项目考试	
3	合计		40	考试得分	

考评员：　　　　　　　　　　　　　　　日期：

项目2　电力电缆安全施工中各种绳扣的打结操作

特种作业（电工）安全技术实操考试任务书（一）

一、题目

电力电缆安全施工中牵引扣打结操作（满分40分）。

二、工具、材料、设备场地

10kV电缆样品，对应长度绳索，吊钩，木板，钢管，安全帽，纯棉线手套，其他设备、设施、器材。

三、考核项目

按照新时代配电网要求，需要对××线5××间隔10kV架空钢芯铝绞线进行电缆敷设入地改造，本次改造需要对电缆展放，由于施工现场地理环境问题，机械无法进入施工现场，需要人工采用绳索对电缆进行牵引、抬起、绑扎实施敷设工作，在施工现场根据工序用到的绳扣种类有抬物扣、双8字扣、牵引扣、紧绳扣等，为了使电缆就位现采用绳索牵引前进，需要在合适位置绑扎牵引扣。

（1）按照作业任务要求正确选择安全用具，做好个人防护工作。

（2）遵守安全规程，按试题描述的工作任务正确进行绳索结扣。

四、考核方式及时间要求

（1）考核时间15分钟，实操考核，时间到停止考评。

（2）考评过程中如果由于考试人员操作不规范，有可能引发不安全因素的，停止考评，该考核项目不得分。

特种作业（电工）安全技术实操考试考评细则

单位：　　　　　　　　　　姓名：　　　　　　　　　　考试得分：

试题类型	电力电缆安全施工中牵引扣打结操作	考核时限	15分钟
试题分值	40分	考核方式	实操
需要说明的问题和要求	（1）按照作业任务要求正确选择安全用具，做好个人防护工作。 （2）遵守安全规程，按考官要求正确进行绳索结扣		
工具、材料、设备场地	10kV电缆样品，对应长度绳索，吊钩，木板，钢管，安全帽，纯棉线手套，其他设备、设施、器材		

序号	考试项目	项目操作名称	满分	质量要求	扣分
1	电力电缆安全施工中牵引扣的打结操作	操作前的准备	5	① 操作者必须穿长袖工作服，戴安全帽、纯棉线手套； ② 准备纱绳、麻绳、棕绳及尼龙绳； ③ 金属吊钩一个； ④ 10kV电缆样品一段	每漏一项扣2分； 未做好个人安全防护每项扣1分，扣完为止
		安全实操	30	① 叙述该项施工中电力电缆使用绳结种类； ② 叙述不同绳结所适用的对应场合； ③ 根据考试任务书正确进行结扣打结； ④ 选择适当长度尼龙绳，留出打结所用的长度，根据电缆长度选择打结位置； ⑤ 打结完成后要进行试牵引验证绳扣的牢固程度以及牵引位置是否适当	每漏一项扣2分； 每一种绳结，叙述不完整或不正确扣2分； 每个扣操作不正确扣5分； 未检查验证扣10分
		安全注意事项	5	① 捆绑时应注意环境安全； ② 捆绑时应注意人身安全； ③ 必须保证捆绑绝对牢固	每一项错误扣5分
2	合计		40	考试得分	

考评员：　　　　　　　　　　日期：

特种作业（电工）安全技术实操考试任务书（二）

一、题目

电力电缆安全施工中抬物扣打结操作（满分40分）。

二、工具、材料、设备场地

10kV电缆样品，对应长度绳索，吊钩，木板，钢管，安全帽，纯棉线手套，其他设备、设施、器材。

三、考核项目

按照新时代配电网要求，需要对××线5××间隔10kV架空钢芯铝绞线进行电缆敷设入地改造，本次改造需要对电缆展放，由于施工现场地理环境问题，机械无法进入施工现场，需要人工采用绳索对电缆进行牵引、抬起、绑扎实施敷设工作，在施工现场根据工序用到的绳扣种类有抬物扣、双8字扣、牵引扣、紧绳扣等，为了保证电缆就位后在电缆沟支架上铺设，需要人力抬至电缆架，采用绳索抬扣方式。

（1）按照作业任务要求正确选择安全用具，做好个人防护工作。

（2）遵守安全规程，按试题描述的工作任务正确进行绳索结扣。

四、考核方式及时间要求

（1）核时间15分钟，实操考核，时间到停止考评。

（2）考评过程中如果由于考试人员操作不规范，有可能引发不安全因素的，停止考评，该考核项目不得分。

特种作业（电工）安全技术实操考试考评细则

单位： 姓名： 考试得分：

试题类型	电力电缆安全施工中抬物扣打结操作	考核时限	15分钟
试题分值	40分	考核方式	实操
需要说明的问题和要求	（1）按照作业任务要求正确选择安全用具，做好个人防护工作。 （2）遵守安全规程，按考官要求正确进行绳索结扣		
工具、材料、设备场地	10kV电缆样品，对应长度绳索，吊钩，木板，钢管，安全帽，纯棉线手套，其他设备、设施、器材		

序号	考试项目	项目操作名称	满分	质量要求	扣分
1	电力电缆安全施工中抬物扣的打结操作	操作前的准备	5	① 操作者必须穿长袖工作服，戴安全帽、纯棉线手套； ② 准备纱绳、麻绳、棕绳及尼龙绳； ③ 金属吊钩一个； ④ 10kV电缆样品一段	每漏一项扣2分。 未做好个人安全防护每项扣1分，扣完为止
		安全实操	30	① 叙述该项施工中电力电缆使用绳结种类； ② 叙述不同绳结所适用的对应场合； ③ 根据考试任务书正确进行结扣打结； ④ 选择适当长度尼龙绳，留出打结所用的长度，根据电缆长度选择打结位置； ⑤ 打结完成后要进行试抬验证绳扣的牢固程度以及抬扣位置是否适当	每漏一项扣2分。 每一种绳结，叙述不完整或不正确扣2分。 每个扣操作不正确扣5分。 未检查验证扣10分
		安全注意事项	5	① 捆绑时应注意环境安全。 ② 捆绑时应注意人身安全。 ③ 必须保证捆绑绝对牢固	每一项错误扣5分
2	合计		40	考试得分	

考评员： 日期：

特种作业（电工）安全技术实操考试任务书（三）

一、题目

电力电缆安全施工中紧绳扣打结操作（满分 40 分）。

二、工具、材料、设备场地

10kV 电缆样品，对应长度绳索，吊钩，木板，钢管，安全帽，纯棉线手套，其他设备、设施、器材。

三、考核项目

按照新时代配电网要求，需要对××线 5××间隔 10kV 架空钢芯铝绞线进行电缆敷设入地改造，本次改造需要对电缆展放，由于施工现场地理环境问题，机械无法进入施工现场，需要人工采用绳索对电缆进行牵引、抬起、绑扎实施敷设工作，在施工现场根据工序用到的绳扣种类有抬物扣、双 8 字扣、牵引扣、紧绳扣等，电缆运至施工现场过程中需要对电缆盘进行绑扎固定，绳索绑扎采用紧绳扣。

（1）按照作业任务要求正确选择安全用具，做好个人防护工作。

（2）遵守安全规程，按试题描述的工作任务正确进行绳索结扣。

四、考核方式及时间要求

（1）考核时间 15 分钟，实操考核，时间到停止考评。

（2）考评过程中如果由于考试人员操作不规范，有可能引发不安全因素的，停止考评，该考核项目不得分。

特种作业（电工）安全技术实操考试考评细则

单位：		姓名：	考试得分：	
试题类型	电力电缆安全施工中紧绳扣打结操作	考核时限	15 分钟	
试题分值	40 分	考核方式	实操	
需要说明的问题和要求	（1）按照作业任务要求正确选择安全用具，做好个人防护工作。 （2）遵守安全规程，按考官要求正确进行绳索结扣			
工具、材料、设备场地	10kV 电缆样品，对应长度绳索，吊钩，木板，钢管，安全帽，纯棉线手套，其他设备、设施、器材			
序号	考试项目	项目操作名称	满分	质量要求	扣分
1	电力电缆安全施工中紧绳扣的打结操作	操作前的准备	5	① 操作者必须穿长袖工作服、戴安全帽、纯棉线手套； ② 准备纱绳、麻绳、棕绳及尼龙绳； ③ 金属吊钩一个； ④ 10kV 电缆样品一段	每漏一项扣 2 分； 未做好个人安全防护每项扣 1 分，扣完为止

续表

序号	考试项目	项目操作名称	满分	质量要求	扣分
1	电力电缆安全施工中各种绳扣的打结操作	安全实操	30	① 叙述该项施工中电力电缆使用绳结种类； ② 叙述不同绳结所适用的对应场合； ③ 根据考试任务书正确进行结扣打结； ④ 选择适当长度尼龙绳，留出打结所用的长度，根据电缆盘在运输车中位置设置紧绳扣绳结固定； ⑤ 打结完成后要进行拉拽方式验证绳扣的牢固程度以及紧绳扣打结位置是否适当	每漏一项扣2分。 每一种绳结，叙述不完整或不正确扣2分；每个扣操作不正确扣5分。 未检查验证扣10分
		安全注意事项	5	① 捆绑时应注意环境安全； ② 捆绑时应注意人身安全； ③ 必须保证捆绑绝对牢固	每一项错误扣5分
2	合计		40	考试得分	

考评员：　　　　　　　　　　　日期：

项目 3 　电力电缆型号截面识别

特种作业（电工）安全技术实操考试任务书

一、题目

电力电缆型号截面识别（满分40分）。

二、工具、材料、设备场地

各种不同型号及规格的电力电缆截面样品，桌与椅，游标卡尺，其他设备、设施、器材。

三、考核项目

××职业技能学校院区××线高压出线电缆沟发生故障，现需要更换电缆，在物资库房对各段电缆型号截面进行鉴定和识别，以支撑现场工作。请根据下列要求开展现场操作。

（1）准备电缆截面样品、工器具及辅助材料。

（2）按照作业任务要求正确选择电缆及安全用具，做好个人防护工作。

（3）作业现场恢复整理。

四、考核方式及时间要求

（1）考核时间30分钟，安全文明生产，时间到停止考评。

（2）考评过程中如果由于考试人员操作不规范，有可能引发不安全因素的，停止考评，该考核项目不得分。

特种作业（电工）安全技术实操考试考评细则

单位：		姓名：		考试得分：
试题类型	电力电缆型号截面识别	考核时限		30分钟
试题分值	40分	考核方式		实操
需要说明的问题和要求	（1）按照作业任务要求正确选择安全用具。 （2）做好个人防护工作。 （3）遵守安全规程，按试题要求正确进行电力电缆型号截面识别			
工具、材料、设备场地	各种不同型号及规格的电力电缆截面样品，桌与椅，游标卡尺，其他设备、设施、器材			

序号	考试项目	项目操作名称	满分	质量要求	扣分
1	电力电缆型号截面识别	操作前的准备	5	操作者必须穿长袖全棉工作服，戴安全帽、纯棉手套	每漏一项扣2分
		安全实操	35	根据实操现场提供的5段电力电缆样品，叙述其规格型号、额定电压、载流量、试验标准等，并进行汉字表述。每段样品满分7分。 样品如下： 110kV电缆； 型号：YJLW03－64/110； 规格：1×300、1×400、1×600、1×630。 35kV电缆； 型号：YJV22－26/35； 规格：1×150、1×300、3×185、3×120。 10kV电缆； 型号：YJV22－8.7/10； 规格：3×300、3×240、3×150、3×120。 10kV电缆； 型号：YJLV22－8.7/10； 规格：3×300、3×240、3×120、3×95。 0.4kV电缆； 型号：VLV22； 规格：4×50、4×95、4×120、4×240	每错误一处扣3分； 术语使用不规范或表述不完整，扣4分
2	合计		40	考试得分	

考评员： 日期：

项目4 电缆终端头的制作安装

特种作业（电工）安全技术实操考试任务书

一、题目

电缆终端头的制作安装（满分40分）。

二、工具、材料、设备场地

所需材料：电缆 VLV22−4×50 型若干、1kV 热缩型电缆终端附件一套。

专用工具：钢锯、锯条、锉刀、喷灯、乙炔瓶、氧气瓶、万用表、绝缘电阻表、线鼻子 50mm² 若干、铜线、电烙铁、压接钳等。

三、考核项目

××工业园 10kV 箱式变压器 380V 低压电缆终端头故障，目前已隔离故障区域，完成故障区域线路停电工作，需对故障 380V 低压电缆终端头开展修复工作。故障修复前已完成该 380V 低压电缆安全措施，操作人员、天气环境、作业工具和现场设备符合操作条件，请根据下列要求开展现场操作。

（1）1kV 四芯橡塑绝缘电缆热缩型终端头制作。

（2）按照作业任务要求正确选择电缆及安全用具，做好个人防护工作。

（3）作业现场恢复整理。

四、考核方式及时间要求

（1）考核时间 90 分钟，安全文明生产，时间到停止考评。

（2）考评过程中如果由于考试人员操作不规范，有可能引发不安全因素的，停止考评，该考核项目不得分。

特种作业（电工）安全技术实操考试考评细则

单位：		姓名：		考试得分：
试题类型	电缆终端头的制作安装	考核时限		90 分钟
试题分值	40 分	考核方式		实操
需要说明的问题和要求	（1）按照作业任务要求正确选择安全用具，做好个人防护工作。 （2）遵循安全操作规程，按照规定步骤正确操作。 （3）操作结束后，对操作质量进行检查。			
工具、材料、设备场地	所需材料：电缆 VLV22−4×50 型若干、1kV 热缩型电缆终端附件一套。 专用工具：钢锯、锯条、锉刀、喷灯、乙炔瓶、氧气瓶、万用表、绝缘电阻表、线鼻子 50mm² 若干、铜线、电烙铁、压接钳等			

序号	考试项目	项目操作名称	满分	质量要求	扣分
1	电缆终端头的制作安装	准备工作及安全措施	4	正确佩戴安全帽、穿工作服、穿绝缘鞋、带个人工具，易燃用具单独放置	每漏一项扣 1 分
		工器具及材料的选择和使用	4	选择正确工器具和材料，且会正确使用，摆放整齐	未检查或检查不全扣1分；错误一项扣 1 分
		剖削外护层	4	量好长度，剖削电缆外护层，根据剖削长度绑好铜扎线，锯好钢铠	剖削长度不合适伤及内护层扣 2 分；剥除方法有误扣 2 分
		焊接地线	4	用锉刀或锯条将钢铠表面的氧化层除去，把接地线焊接在钢铠上，面积达到 300mm²	不作处理扣 2 分；外观明显不平整扣 2 分

序号	考试项目	项目操作名称	满分	质量要求	扣分
1	电缆终端头的制作安装	内护层处理	2	内护层保留长度60mm，余者剥除，分开线芯，除去填料	端部绝缘剥除长度每±2mm扣1分；方法不正确扣1分
		安装四芯指套	4	分开线芯，将四芯指套套至根部，然后用喷灯从中间向两端加热，使其完全收缩	加热方向不正确扣2分；收缩不完扣2分
		导线绝缘层剖削	4	剥去线芯端子绝缘层，长度比线鼻子内孔深度大5mm	剥除方法有误扣3分；伤及绝缘层扣1分
		安装线鼻子	4	选择正确的模具压接端子，压好后用锉刀或砂纸抛光端子表面，并擦拭干净	外观明显不平整扣3分；不作处理扣4分
		安装绝缘管	4	清洁线芯绝缘表面和四芯指套，套入绝缘管，使绝缘管的下端搭接四指套根部，上端包住端子的压痕，然后用喷灯由下向上加热，直至绝缘管完全收缩	加热方向不正确扣2分；收缩不完扣1分；端部指套搭接不完全扣1分
		安装相色管	2	在端子脚部套入相色管，用喷灯加热至完全收缩	相色管不进行核相扣2分
		绝缘试验	3	外观检查要求接触良好，绝缘管平整，相色标志正确绝缘测试合格	接触不良好扣1分；绝缘测试不满足要求扣2分
		文明作业	1	工作过程中注意安全；保持工器具材料摆放整齐、有序；工作有条不紊；完工后清理现场，整理工器具，填写记录	有不安全行为扣1分；不注意清洁、整齐扣1分；工作忙乱扣1分；不填记录扣1分
2	合计		40	考试得分	

考评员：　　　　　　　　　　　　日期：

项目5　10kV 电力电缆户内热缩终端头制作

特种作业（电工）安全技术实操考试任务书

一、题目

10kV 电力电缆户内热缩终端头制作（满分40分）。

二、工具、材料、设备场地

10kV 户内热缩终端头附件，10kV 户内终端头安装支架，手锯、扳手、钳子等常用工具，制作电缆附件专用的电工刀，手提压接钳，安全帽，其他设备，YJV22-3×120 型 10kV 电力电缆，DT-120 型接线端子。

三、考核项目

××工业园 10kV 开关站内出线电缆终端头故障。故障修复前已完成该 10kV 电缆安全措施，操作人员、天气环境、作业工具和现场设备符合操作条件，请开展 10kV 电力电缆户内热缩终端头制作。

（1）工作环境良好，现场操作场地及设备材料已完备。

（2）剥切尺寸正确，剥切绝缘不得损伤缆芯。

（3）绝缘表面处理应干净、光滑。

（4）剥除铜屏蔽层及半导电层不得伤及下一层。

（5）戴安全帽、穿工作服、穿绝缘鞋、带个人工器具。

（6）易燃用具单独放置，摆放整齐。

（7）规定时间内完成。

四、考核方式及时间要求

（1）考核时间 90 分钟，实操考核，时间到停止考评。

（2）考评过程中如果由于考试人员操作不规范，有可能引发不安全因素的，停止考评，该考核项目不得分。

特种作业（电工）安全技术实操考试考评细则

单位： 姓名： 考试得分：

试题类型	10kV 电力电缆户内热缩终端头制作	考核时限	90 分钟
试题分值	40 分	考核方式	实操
需要说明的问题和要求	（1）工作环境良好，现场操作场地及设备材料已完备。 （2）剥切尺寸正确，剥切绝缘不得损伤缆芯。 （3）绝缘表面处理应干净、光滑。 （4）剥除铜屏蔽层及半导电层不得伤及下一层。 （5）戴安全帽、穿工作服、穿绝缘鞋、带个人工器具。 （6）易燃用具单独放置，摆放整齐。 （7）规定时间内完成		
工具、材料、设备场地	10kV 户内冷缩终端头附件，10kV 户内终端头安装支架，手锯、扳手、钳子等常用工具，制作电缆附件专用的电工刀，手提压接钳，安全帽，其他设备，YJV22-3×120 型 10kV 电力电缆，DT-120 型接线端子		

序号	考试项目	项目操作名称	满分	质量要求	扣分
1	工作前准备	材料及工器具准备	1	按要求准备好工器具及材料，并进行检查	错、漏选一项扣 1 分；工器具和材料未检查一项扣 1 分
		着装、穿戴	1	工作服、工作鞋、安全帽等安全防护用品佩戴正确	不按规定穿着一项扣 1 分
2	工作过程	支撑、矫直、外护套擦拭	1	为了便于操作，选好位置，将要进行施工的部分支架好，同时矫直，擦去外护套上的污迹	每项工作未按要求完成扣 1 分
		将电缆断切面锯平	1	如果电缆三相线芯锯口不在同一平面上或导体切面不平，应锯平	未按要求完成扣 1 分

序号	考试项目	项目操作名称	满分	质量要求	扣分
2	工作过程	校对施工尺寸	2	根据附件供应商提供的图纸，确定施工尺寸	尺寸与图纸不符合扣2分
		操作程序控制	2	操作程序应按图纸进行	程序错误扣1分；遗漏工序扣1分
		剥除外护套、铠装、内护层、内衬、铜屏蔽及外半导电层等	10	剥切时切口不平，金属切口有毛刺或伤及其下一层结构，应视为缺陷；绝缘表面干净、光滑、无残质，均匀涂上硅脂	尺寸不对扣2分；剥时伤及绝缘扣2分；剥口没处理成小斜坡、有毛刺扣2分；绝缘表面没处理干净扣2分；未均匀涂上硅脂扣2分
		绑扎和焊接	2	绑扎铠装及接地线；固定铜屏蔽要平整，不能松带；焊点应平滑、牢固，焊点厚度不大于4mm	焊点不牢固扣1分；焊点厚度不大于4mm扣1分；铜屏蔽不平整、松带扣1分；接地线绑扎不紧扣1分
		铠装接地与铜屏蔽接地	2	两个接地应分开制作，相互之间有绝缘要求	未分开制作扣2分
		包绕填充胶和热缩三叉套管、绝缘管	6	填充胶包绕应成形（橄榄状或苹果状）；三叉套管、绝缘套管应压接到位，收缩紧密；管外表面无烧伤痕迹，三叉套管由根部向两端加热，绝缘管由三叉根部向上加热	填充胶包绕不成形扣2分；内外次序错误扣2分；管外表有灼伤痕迹扣2分
		剥削绝缘和导体压接端子	4	绝缘切口处应平整；压接端子既不可过度也不能不紧，以阴阳模接触为宜；压接后端子表面应打磨光滑	绝缘切口处不平整扣2分；压接点不少于4点扣1分；连接管表面未打磨扣1分
		绕包半导体带做好安装记号	2	用半导体带将铜屏蔽口包住，并向下覆盖热缩管；在热缩管上用自黏胶带做好应力锥安装记号	绕包半导体带不连续、不光滑扣1分；未做应力锥安装记号扣1分
		安装预制式终端	2	将硅脂涂在绝缘表面和预制式终端内，把预制式终端套进电缆并将其推至所做记号处	预制式终端推不到位扣1分；未涂硅脂扣1分
3	工作终结验收	绝缘检查	2	外观检查要求接触良好，相色标志正确，应力锥安装正确，绝缘测试合格	验收不符合要求每项扣1分；不清理扣1分；不交还工器具及剩余材料扣1分；未在规定时间完成扣2分
		安全文明生产	2	工作中无违章现象，工作结束，清理现场，交还工器具及剩余材料	
4		合计	40	考试得分	

考评员：　　　　　　　　　　　　　　　日期：

项目 6　10kV 电力电缆户内冷缩终端头安全操作

特种作业（电工）安全技术实操考试任务书

一、题目

10kV 电力电缆户内冷缩终端头安全操作（满分 40 分）。

二、工具、材料、设备场地

10kV 电缆，10kV 户内终端头冷缩附件，10kV 户内终端头安装支架，手锯、扳手、钳子，制作电缆附件专用的电工刀，手提压接钳，安全帽，锯条，铁皮剪刀，钢丝钳，尖嘴钳，钢尺，锉刀，平口起子，液压钳及模具，砂纸 120/240 号，电缆清洁纸，自黏胶带，PVC 胶带，硅脂，线鼻子，消防器材。

三、考核项目

请根据下列要求开展 10kV 电力电缆户内冷缩终端头安全操作。

（1）工作环境：现场操作场地及设备材料已完备。

（2）剥切尺寸正确，剥切绝缘不得损伤缆芯。

（3）绝缘表面处理应干净、光滑。

（4）剥除铜屏蔽层及半导电层不得伤及下一层。

（5）戴安全帽、穿工作服、穿绝缘靴、带个人工器具。

（6）规定时间内完成。

四、考核方式及时间要求

（1）考核时间 90 分钟，实操考核，时间到停止考评。

（2）考评过程中如果由于考试人员操作不规范，有可能引发不安全因素的，停止考评，该考核项目不得分。

特种作业（电工）安全技术实操考试考评细则

单位：　　　　　　　　　　姓名：　　　　　　　　　　考试得分：

试题类型	10kV 电力电缆户内冷缩终端头安全操作	考核时限	90 分钟
试题分值	40 分	考核方式	实操
需要说明的问题和要求	（1）工作环境：现场操作场地及设备材料已完备。 （2）剥切尺寸正确，剥切绝缘不得损伤缆芯。 （3）绝缘表面处理应干净、光滑。 （4）剥除铜屏蔽层及半导电层不得伤及下一层。 （5）戴安全帽、穿工作服、穿绝缘靴、带个人工器具。 （6）规定时间内完成		
工具、材料、设备场地	10kV 电缆，10kV 户内终端头冷缩附件，10kV 户内终端头安装支架，手锯、扳手、钳子，制作电缆附件专用的电工刀，手提压接钳，安全帽，锯条，铁皮剪刀，钢丝钳，尖嘴钳，钢尺，锉刀，平口起子，液压钳及模具，砂纸 120/240 号，电缆清洁纸，自黏胶带，PVC 胶带，硅脂，线鼻子，消防器材		

序号	考试项目	项目操作名称	满分	质量要求	扣分
1	工作前准备	材料及工器具准备	1	按要求准备好工器具及材料，并进行检查	错、漏选一项扣1分；工器具和材料未检查一项扣1分；不按规定穿着一项扣1分
		着装、穿戴	2	工作服、工作鞋、安全帽、安全帽等安全防护用品戴正确	
2	工作过程	支撑、矫直、外护套擦拭	2	为了便于操作，选好位置，将要进行施工的部分支架好，同时矫直，擦去外护套上的污迹	一项工作未做扣1分
		将电缆断切面锯平	2	如果电缆三相线芯锯口不在同一平面上或导体切面不平，应锯平	未按要求做扣2分
		校对施工尺寸	2	根据附件供应商提供的图纸，确定施工尺寸	尺寸与图纸不符合扣2分
		操作程序控制	2	操作程序应按图纸进行	程序错误扣1分；遗漏工序扣1分
		剥除外护套、铠装、内护层、内衬、铜屏蔽及外半导电层等	10	剥切时切口不平，金属切口有毛刺或伤及其下一层结构，应视为缺陷；绝缘表面干净、光滑、无残质	尺寸不对扣2分；剥时伤及绝缘扣4分；剥口没处理成小斜坡、有毛刺扣2分；绝缘表面没处理干净扣2分
		铠装接地与铜屏蔽接地	4	固定应牢靠、美观。恒力弹簧接地处绕填充胶，填充胶包绕应成形（橄榄状或苹果状）；再包绕绝缘自黏胶带，两接地之间有绝缘要求。（应讲明接地为什么要分开）	不牢固扣1分；两接地之间无绝缘扣1分；填充胶包绕不成形扣1分；不能讲明接地分开原理扣1分
		半导电胶带的绕包	2	在铜屏蔽和绝缘交接处用半导电胶带半搭盖方式紧密绕包，且起点与终点都在铜带上	绕包位置不对扣1分；起点与终点不在铜带上扣1分
		冷缩三叉管及绝缘管	4	清洁绝缘表面，并涂上少许硅脂，三叉套管套在电缆根部，逆时针抽芯绳，先缩根部，后缩三叉管；绝缘管与三叉管有搭盖	未均匀涂上硅脂扣1分；先缩三叉，后缩根部扣1分；绝缘管与三叉套管无搭盖扣2分
		剥削绝缘和压接接线端子	3	剥去绝缘处应削成45°锥形；压接端子既不可过度紧也不能不紧，以阴阳模接触为宜；压接后端子表面应打磨光滑	未削成铅笔状扣1分；压接端子过度扣1分；端子表面未打磨扣1分
		端部密封	2	将绝缘端部与端子之间的空隙密封成锥形	未密封扣1分；密封不正确扣1分
3	工作终结验收	绝缘检查	2	外观检查要求接触良好，相色标志正确，绝缘测试合格	验收不符合要求每项扣1分；未清理扣1分；不交还工器具及剩余材料扣1分；未在规定时间完成扣1分
		安全文明生产	2	工作中无违章出现，工作结束，清理现场，交还工器具及剩余材料	
4	合计		40	考试得分	

考评员： 日期：

项目 7 10kV 线路挂设保护接地线

特种作业（电工）安全技术实操考试任务书（一）

一、题目

10kV 线路挂设保护接地线（满分 40 分）。

二、工具、材料、设备场地

低工位 10kV 线路、安全帽、绝缘手套、绝缘鞋、纯棉线手套、10kV 高压验电器、10kV 绝缘操作杆、标示牌、接地线、风速仪，其他设备和耗材。

三、考核项目

××配电线路发生断线性故障，现需要对故障断线路段进行停电消缺，线路已停电，需作业班组完成接地保护措施的装设，请根据下列要求，采用正确的操作方式完成 10kV 线路挂设保护接地线现场作业。

（1）单独操作，有人监护。

（2）合格 10kV 专用验电器一支、接地线一组（多股软铜线、截面积大于 25mm²）、登杆工具、安全帽、安全带、吊物绳等。

（3）装设接地线之前应验电，并设专人监护确定线路无电压后方可开始挂设接地线。

（4）本考核总成绩满分为 40 分。

四、考核方式及时间要求

（1）考核时间 15 分钟，实操考核，时间到停止考评。

（2）考评过程中如果由于操作人员操作不规范，有可能引发不安全因素的，停止考评，该考核项目不得分。

特种作业（电工）安全技术实操考试考评细则

单位：		姓名：		考试得分：
试题类型	10kV 线路挂设保护接地线	考核时限		15 分钟
试题分值	40 分	考核方式		实操
需要说明的问题和要求	（1）按照作业任务要求正确选择安全用具，做好个人防护工作。 （2）遵循安全操作规程，按照规定步骤正确操作。 （3）操作结束后，对设备检查			
工具、材料、设备场地	低工位 10kV 线路、安全帽、绝缘手套、绝缘鞋、纯棉线手套、10kV 高压验电器、10kV 绝缘操作杆、标示牌、接地线、风速仪，其他设备和耗材			

序号	考试项目	项目操作名称	满分	质量要求	扣分
1	工作前准备	选择安全用具及工器具	2	选择安全用具、登杆工具，并检查完好	漏、错一项扣 1 分；未检查一项扣 1 分；不按规定穿着一项扣 1 分
		着装、穿戴	2	工作服、绝缘鞋、安全帽等穿戴无误	
		选择接地线	2	检查完好，可以使用	

序号	考试项目	项目操作名称	满分	质量要求	扣分
2	工作过程	登杆前检查	2	登杆前检查杆根和拉线	未检查一项扣2分；不作试验扣2分；不熟练扣2分；过高、过矮均扣2分；顺序错误扣2分；出错一次扣2分；碰触一次扣2分
		登杆工具检查	2	对登杆工具进行冲击试验	
		验电器使用前确定	2	在明确有电时证明其完好	
		登杆	2	动作规范、熟练	
		工作位置确定	2	站位合适，安全带系绑正确	
		验电	4	验电方法及顺序正确	
		接地线装设	6	先接接地端后接导线端，操作中人身不得碰触接地线	
		操作顺序	2	操作熟练，逐相挂设	
3	工作终结验收	接地线装设	4	接地线与导线连接可靠，没有缠绕现象，接地棒在地下深度不小于600mm	未采用绳索传递扣5分，传递过程中与杆身碰撞一次扣1分；连接不可靠一处扣5分；缠绕一次扣1分；埋深每小于100mm扣2分；发生一次跌落物扣2分；未清理现场或交还工器具扣2分
		接地线上下传递	4	上下提升接地线时采用绳索进行传递	
		安全文明生产	4	操作过程中无跌落物，工作完毕清理现场，交还工器具	
4	合计		40	考试得分	

考评员：　　　　　　　　　　　　　　日期：

特种作业（电工）安全技术实操考试任务书（二）

一、题目

10kV 线路拆除保护接地线（满分40分）。

二、工具、材料、设备场地

低工位 10kV 线路、安全帽、绝缘手套、绝缘鞋、纯棉线手套、10kV 高压验电器、10kV 绝缘操作杆、标示牌、接地线、风速仪，其他设备和耗材。

三、考核项目

××配电线路发生断线性故障，作业班组已完成对故障断线路段进行的停电消缺工作，现需作业班组拆除接地保护措施，请根据下列要求，采用正确的操作方式完成 10kV 线路拆除保护接地线作业。

（1）单独操作，有人监护。

（2）合格 10kV 专用验电器一支、接地线一组（多股软铜线、截面积不小于25mm²）、登杆工具、安全帽、安全带、吊物绳等。

（3）拆除接地线之前应检查对应的杆号，并设专人监护后方可拆除接地线。

（4）本考核总成绩满分为40分。

四、考核方式及时间要求

（1）考核时间 30 分钟，实操考核，时间到停止考评。

（2）考评过程中如果由于考试人员操作不规范，有可能引发不安全因素的，停止考评，该考核项目不得分。

特种作业（电工）安全技术实操考试考评细则

单位：　　　　　　　　　　　　姓名：　　　　　　　　　　　　考试得分：

试题类型	10kV 线路拆除保护接地线	考核时限	15 分钟
试题分值	40 分	考核方式	实操
需要说明的问题和要求	（1）按照作业任务要求正确选择安全用具，做好个人防护工作。 （2）遵循安全操作规程，按照规定步骤正确操作。 （3）操作结束后，对设备检查		
工具、材料、设备场地	低工位 10kV 线路、安全帽、绝缘手套、绝缘鞋、纯棉线手套、10kV 高压验电器、10kV 绝缘操作杆、标示牌、接地线、风速仪、其他设备和耗材		

序号	考试项目	项目操作名称	满分	质量要求	扣分
1	工作前准备	选择安全用具及工器具	2	选择安全用具、登杆工具，并检查完好	漏、错一项扣 1 分；
		着装、穿戴	2	工作服、绝缘手套、绝缘鞋、安全帽等穿戴无误	未检查一项扣 1 分；不按规定穿着一项扣 1 分；
		同工作负责人核对线路是否具备拆除 10kV 保护接地线条件	4	同工作人员核对线路是否具备拆除 10kV 保护接地线条件	未与工作负责人进行核对扣 4 分；
2	工作过程	登杆前检查	2	登杆前检查杆根和拉线	未检查一项扣 2 分；不作试验扣 2 分；不熟练扣 2 分；过高、过矮均扣 2 分；顺序错误扣 2 分；出错一次扣 2 分；碰触一次扣 2 分
		登杆工具检查	2	对登杆工具进行冲击试验	
		提前准备接地线专用收纳盒	2	检查接地线收纳盒符合要求	
		登杆	2	动作规范、熟练	
		工作位置确定	2	站位合适	
		系好安全带	4	按要求安全带系绑牢固	
		接地线拆除	6	先拆导线端后拆接地端，操作中人身不得碰触接地线	
		操作顺序	2	操作熟练，逐相拆除	
3	工作终结验收	接地线上下传递	6	上下提升接地线时采用绳索进行传递	未用绳索传递扣 8 分；触碰杆塔一次扣 1 分。发生一次跌落物扣 3 分。未清理现场或交还工器具扣 2 分
		安全文明生产	4	操作过程中无跌落物，工作完毕清理现场，交还工器具	
4	合计		40	考试得分	

考评员：　　　　　　　　　　　　日期：

科目三　作业现场安全隐患排除

项目1　判断作业现场存在的安全风险、职业病危害

特种作业（电工）安全技术实操考试任务书

一、题目

判断作业现场存在的安全风险、职业病危害（满分20分）。

二、工具、材料、设备场地

作业现场图片（如图1所示），其他设备、设施、器材。

图1　作业现场图片

三、考核项目

请根据以上作业现场图片，完成以下任务：

（1）认真阅读考官提供的作业图片。

（2）指出其中存在的安全风险和职业病危害，具体可能涉及如下：

1）现场作业时个人防护措施没做好；

2）作业现场乱拉电线或用电方法不安全；

3）现场作业时未放置相应的安全标示：如设备检修时，高压开关操作把手未挂"禁止合闸，有人工作"标示牌；

4）高压带电设备未规划安全区域，未悬挂"止步，高压危险！"标志；

5）倒闸操作时存在操作错误项；

6）应急处理方法不当；

7）作业现场工具乱摆放；

8）高、低压配电房未配置灭火器材。

（3）作业现场恢复整理。

四、考核方式及时间要求

考核时间 10 分钟，口述作答，时间到停止考评。

特种作业（电工）安全技术实操考试考评细则

单位：　　　　　　　　　　姓名：　　　　　　　　　　考试得分：

试题类型	判断作业现场存在的安全风险、职业病危害	考核时限	10 分钟
试题分值	20 分	考核方式	口述

需要说明的问题和要求	（1）认真阅读考官提供的作业现场图片。 （2）指出其中存在的安全风险和和职业病危害，具体可能涉及如下： 1）现场作业时个人防护措施没做好； 2）作业现场乱拉电线或用电方法不安全； 3）现场作业时未放置相应的安全标示：如设备检修时，高压开关操作把手未挂"禁止合闸，有人工作"标示牌； 4）高压带电设备未规划安全区域，未悬挂"止步，高压危险！"标志牌； 5）倒闸操作时存在操作错误项； 6）应急处理方法不当

工具、材料、设备场地	作业现场图片（如图 1 所示），其他设备、设施、器材

序号	考试项目	项目操作名称	满分	质量要求	扣分
1	判断作业现场存在的安全风险、职业病危害	观察场景图片所示的作业现场，明确作业任务或用电环境	5	观察场景图片所示的作业现场，口述其中的作业任务或用电环境（电缆故障诊断，电缆试验，电缆头制作，电缆定位）	每错一项扣 3 分，扣完为止
		安全风险和职业病危害判断	15	口述图片所示现场存在的安全风险及职业病危害： ① 高处作业坠落伤害； ② 作业人员触电危害； ③ 无关人员误入带电现场； ④ 作业现场换相或拆除试验引线时，操作不当引起的危害； ⑤ 动火作业防止人员灼伤； ⑥ 刀具伤人； ⑦ 机械伤害； ⑧ 保护接地线； ⑨ 暑天中暑，寒冬冻伤	每少或错一项扣 2 分，扣完为止
2	合计		20	考试得分	

考评员：　　　　　　　　　　日期：

项目2 结合实际工作任务，排除作业现场存在的安全风险、职业病危害

特种作业（电工）安全技术实操考试任务书

一、题目

结合实际工作任务，排除作业现场存在的安全风险、职业病危害（满分20分）。

二、工具、材料、设备场地

作业现场图片（见图1），其他设备、设施、器材。

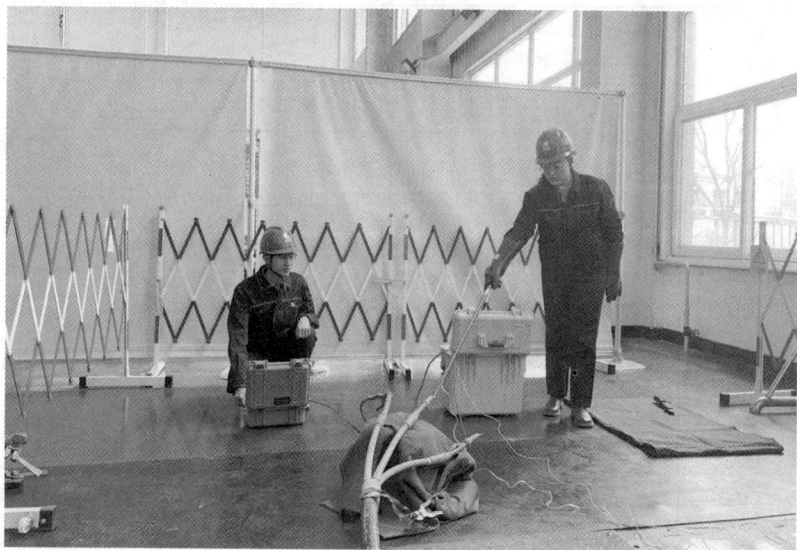

图1 作业现场图片

三、考核项目

请根据以上作业现场图片，完成以下任务：

（1）认真阅读考官提供的作业图片。

（2）口述图片中操作人员所做的工作内容、安全风险及预控措施。具体可能涉及如下：

1）描述作业场景包含的作业内容，该场景所显示的作业步骤；

2）描述该项作业内容应准备的工器具和仪表；

3）描述图中作业内容所对应的安全风险及对应的每一项预控措施。

（3）现场恢复整理。

四、考核方式及时间要求

（1）考核时间10分钟，口述，时间到停止考评。

（2）考评过程中如果由于考试人员操作不规范，有可能引发不安全因素的，停止考评，该考核项目不得分。

特种作业（电工）安全技术实操考试考评细则

单位：		姓名：		考试得分：	
试题类型（编号）	结合实际工作任务，排除作业现场存在的安全风险、职业病危害	考核时限		10分钟	
试题分值	20分	考核方式		口述	
需要说明的问题和要求	（1）认真阅读考官提供的作业图片。 （2）口述图片中操作人员所做的工作内容、安全风险及预控措施。具体可能涉及如下： 1）描述作业场景包含的作业内容，该场所显示的作业步骤； 2）描述该项作业内容应准备的工器具和仪表； 3）描述图片中作业内容所对应的安全风险及对应的每一项预控措施。 （3）现场恢复整理				
工具、材料、设备场地	作业现场图片，其他设备、设施、器材				

序号	考试项目	项目操作名称	满分	质量要求	扣分
1	观察场景图片所示的作业现场，口述图片中操作人员所做的工作内容、安全点及预控措施	明确作业内容	6	叙述作业内容； 指出图片中所显示的作业步骤； 叙述所需工器具和仪器设备	缺少或错误一项扣1分，扣完为止
		安全点及预控措施	14	观察作业现场环境，叙述作业现场存在的安全风险及对应的安全措施。 ① 严禁任何闲杂人员进入作业现场。 ② 测试接线正确；接地线正确安装。 ③ 加压过程中应有人监护并呼唱。 ④ 作业现场安全距离应符合规程规定。 ⑤ 作业人员应保证安全防护，正确佩戴安全帽、工作服、绝缘靴；放电时应佩戴绝缘手套。 ⑥ 作业现场安全布防。正确设置围栏；正确悬挂标示牌；仪器设备摆放位置正确	每少一项安全风险扣1分； 对应的安全措施，每缺少或错误一项扣1分，扣完为止
2	合计		20	考试得分	

考评员：		日期：	

模块四　继电保护作业

科目一　安全用具使用

项目1　继电保护常用仪器仪表使用

特种作业（电工）安全工器具实操考试任务书

一、题目

继电保护常用仪器仪表使用（满分20分）。

二、工具、材料、设备场地

钳形电流表、万用表、电流计、线路保护装置（PCS-931）、母线保护装置（PCS-915）。

三、考核项目

××变电站220kV线路双套保护装置定检，其中一套线路保护装置型号PCS-931，其中一套母线保护装置型号PCS-915，具备定检条件，请根据下列要求开展现场操作。

（1）对所选的仪器仪表进行检查。

（2）叙述钳形电流表的作用和用途。

（3）正确使用仪器仪表测量。

（4）选择合适的电工仪表，测量升流试验时电流回路的电流值。

（5）正确读数，并对测量数据进行判断。

四、考核方式及时间要求

（1）考核时间10分钟，实操及口述，时间到停止考评。

（2）考评过程中如果由于考试人员操作不规范，有可能引发不安全因素的，停止考评，该考核项目不得分。

特种作业（电工）安全技术实操考试考评细则

单位：			姓名：		考试得分：

试题类型（编号）	继电保护常用仪器仪表使用		考核时限		10 分钟
试题分值	20 分		考核方式		口述/实操
需要说明的问题和要求	（1）选择合适的电工仪表。 （2）针对选用的仪器仪表进行检查。 （3）使用仪器仪表。 （4）读数，并对测量数据进行判断				
工具、材料、设备场地	钳形电流表、万用表、电流计、线路保护装置（PCS－931）、母线保护装置（PCS－915）				

序号	考试项目	项目操作名称	满分	质量要求	扣分
1	继电保护常用仪器仪表使用	符合现场要求；个人安全防护；选用合适的仪表	4	正确穿戴安全帽、工作服、线手套； 叙述钳形电流表组成、结构及作用	未正确穿戴安全帽、工作服、线手套一项扣 1 分； 钳形电流表结构及功能叙述缺一项扣 1 分，扣完为止
		仪表检查	2	正确检查所用仪表的外观及校验合格日期； 检查钳形电流表各档位完好性	未检查钳形电流表外观、档位、合格日期一项扣 1 分，扣完为止
		正确使用仪表	10	正确操作： 测试仪表开机，选择合适的档位； 测试仪表归零自检； 用钳形电流表电流档位测量回路电流；测试完毕，开口取出关闭测试仪表	档位选择错误扣 2 分； 未进行归零自检扣 2 分； 未正确使用钳形电流表测量电流扣 2 分；先关闭钳形电流表再断开升流回路扣 4 分
		结果判断	4	对测量的结果与实际值进行分析判断	测量数据错误扣 4 分； 测量数据超过误差限值扣 2 分
2	否定项	否定项说明		对给定的测量任务，无法正确选择合适的仪表，违反安全操作要求导致自身或仪表处于不安全状态等，该题得零分，终止该项目考试	
3		合计	20	考试得分	

考评员：		日期：	

项目 2　常用安全用具的检查及使用

特种作业（电工）安全工器具实操考试任务书

一、题目

常用安全用具的检查及使用（满分 20 分）。

81

二、工具、材料、设备场地

（1）主接线图（如图1所示）。

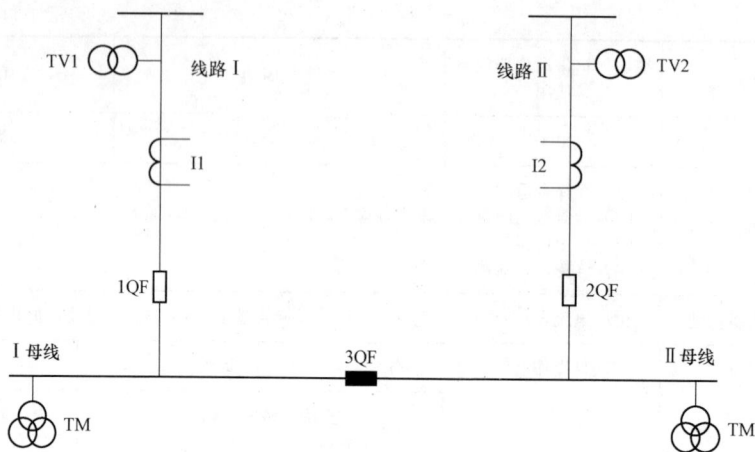

图1 主接线图

（2）标示牌（如图2所示）。

图2 标示牌

三、考核项目

××变电站220kV线路双套保护装置定检，其中一套线路保护装置型号PCS-931，其中一套母线保护装置型号 PCS-915，具备定检条件，请根据下列要求开展与定检工作相关的常用安全用具的检查及使用考核项目。

（1）分别叙述常用三种安全用具的作用及使用场合（临时遮拦、"在此工作"标示牌、"禁止合闸，有人工作"标示牌）。

（2）检查此三种安全用具的外观（临时遮拦、"在此工作"标示牌、"禁止合闸，有人工作"标示牌）。

（3）按照主接线图，现场定检继电保护装置上应选用何种安全用具（临时遮拦、"在此工作"标示牌、"禁止合闸，有人工作"标示牌），挑选其中一种即可。

（4）遵循安全操作规程，按照操作步骤正确使用标示牌、临时遮拦。

四、考核方式及时间要求

（1）考核时间 10 分钟，实操及口述，时间到停止考评。

（2）考评过程中如果由于考试人员操作不规范，有可能引发不安全因素的，停止考评，该考核项目不得分。

特种作业（电工）安全技术实操考试考评细则

单位：　　　　　　　　　　姓名：　　　　　　　　　　考试得分：

试题类型	常用安全用具的检查及使用	考核时限	10 分钟
试题分值	20 分	考核方式	实操/口述
需要说明的问题和要求	（1）熟知各种高压电工安全用具的用途及结构。 （2）能对各种高压电工安全用具进行检查。 （3）正确使用各种高压电工安全用具。 （4）熟悉各种高压电工安全用具保养要求		
工具、材料、设备场地	标示牌、临时遮拦、主接线图		

序号	考试项目	项目操作名称	满分	质量要求	扣分
1	常用安全用具的检查及使用	常用安全用具的用途	7	口述常用安全用具的作用及使用场合（临时遮拦、"在此工作"标示牌、"禁止合闸，有人工作"标示牌）	叙述错误临时遮拦扣4分，在此工作标示牌扣3分，禁止合闸标示牌扣3分，共计7分
		常用安全用具的选用及检查	3	现场检修的继电保护设备上选用何种安全用具（临时遮拦、"在此工作"标示牌、"禁止合闸"标示牌）（注：挑选一种即可）； 检查外观（临时遮拦、"在此工作"标示牌、"禁止合闸，有人工作"标示牌）	选用不正确扣2分； 未检查扣1分
		正确使用安全用具	8	遵循安全操作规程，按照操作步骤正确使用标示牌、临时遮拦 在此工作标示牌挂在检修设备、一套线路保护屏、一套母差保护屏门把手上，禁止合闸标示牌挂在检修设备操作把手和断路器KK把手上，临时遮拦将检修设备围上、将母差保护中非检修回路隔开	操作步骤违反安全规程得0分； 安全标示位置错误或不完整扣4分； 遮拦范围设置不正确扣4分
		常用安全用具的存放	2	正确叙述标示牌、临时遮拦存放要求，需归类存放在指定地点	未正确一项扣1分
2	合计		20	考试得分	

考评员：　　　　　　　　　　日期：

科目二 安全操作技术

项目1 分立元件电磁型电流继电器检验

特种作业（电工）安全操作技术实操考试任务书

一、题目

分立元件电磁型电流继电器检验（满分40分）。

二、工具、材料、设备场地

电磁型电流继电器、继电保护测试仪、试验线、线夹、万用表、电源盘，组合工具1套。

三、考核项目

××变电站 110kV1××间隔线路保护检修，电流继电器型号：JGJ116B，电流整定值1A，具备检验条件，请根据下列要求开展现场操作。

（1）准备试验设备、工器具及辅助材料。

（2）按照作业任务要求对被试装置回路做好相关安全措施。

（3）判断电磁型电流继电器是否合格。

（4）作业现场恢复整理。

（5）编写《检验报告》。

四、考核方式及时间要求

（1）考核时间25分钟，实操及口述，包括编写和检查《检验报告》的时间，时间到停止考评。

（2）考评过程中如果由于考试人员操作不规范，有可能引发不安全因素的，停止考评，该考核项目不得分。

特种作业（电工）安全技术实操考试考评细则

单位：　　　　　　　　　　　　姓名：　　　　　　　　　　　　考试得分：

试题类型	分立元件电磁型电流继电器检验	考核时限	25分钟
试题分值	40分	考核方式	实操
需要说明的问题和要求	（1）准备试验设备、工器具及辅助材料。 （2）按照作业任务要求对被试装置回路做好相关安全措施： 1）测量过程中不得触碰带电部分，继电保护测试仪要保护接地；		

续表

序号	考试项目	项目操作名称	满分	质量要求	扣分
	需要说明的问题和要求			2）按照安全技术规程使用合格的带剩余电流动作保护器的电源盘，按照安全技术规程搭接电源； 3）测试仪电流输出不能开路，电压输出回路不得短路。 （3）电磁型电流继电器定值检验。 （4）作业现场恢复整理。 （5）编写《检验报告》	
	工具、材料、设备场地			电磁型电流继电器、继电保护测试仪、试验线、线夹、万用表、电源盘，组合工具1套	
1	分立元件电磁型电流继电器检验	准备工作	6	检查着装穿戴：安全帽、工作服、绝缘鞋穿戴正确； 检查工器具符合使用要求； 检查电源； 检查被试设备（装置）； 检查测试仪器仪表； 按照规范办理工作票（口述）	每错误一项扣1分，共计6分，扣完为止
		安全实操	26	检查电磁型电流继电器外观； 检查试验仪器检验合格日期。	漏检查一项扣2分，共计4分；
				检查试验接线正确可靠； 试验仪器接地线先接接地端，再接仪器端。	错误一项扣2分，共计4分；
				电磁型电流继电器整定值校验：依据试验规程要求，按1A和5A的定值校验电磁型电流继电器。	错误一项或缺项扣4分，共计8分；
				电磁型电流继电器返回系数调整：分三步调整返回系数，大范围调，小范围调，微调。	错误一步扣2分，共计6分；
				依据试验规程要求，试验结果分析判定应合格	判断错误扣4分
		文明作业	4	清理现场，交还工器具，按现场"5S管理"规定进行操作	现场未清理扣4分；导线和工器具有遗漏，每项扣1分
		编写报告	4	检验报告编写完整正确： 记录温度、湿度； 测试人员、时间； 测试数据； 结果分析（测试结论）； 询问办理工作票终结手续	编写错误或不全每项扣1分，共计4分；未询问工作票终结手续扣2分，扣完为止
2	否定项	否定项说明		对给定的校验任务，无法正确使用保护测试仪，违反安全操作要求导致自身或仪表处于不安全状态等，该题得零分，终止该项目考试	
3	合计		40	考试得分	

考评员： 日期：

附：特种作业（电工）安全技术实操考试答题纸（范例）

电磁型电流继电器检验报告

现场检验时间：××××年××月××日，作业人员：××，××。

现场环境：温度，湿度。

一、测量流程记录

（1）做好安全措施。拆除电流继电器线圈外部接线，用绝缘胶带缠绕裸漏线芯，做好绝缘措施。

（2）检查继电保护测试仪、电流继电器完好，在有效期内。

（3）试验连线。将电流继电器线圈（不分正、反极性）用二次线连接至继电保护测试仪的电流输出端。

（4）继电保护测试仪输出 0.9～1.1A。

二、测量数据记录

（1）当继电保护测试仪输出电流小于 0.95A 时，电流继电器可靠不动作。

（2）当继电保护测试仪输出电流大于 1.05A 时，电流继电器可靠动作。

三、结果分析

结论：当继电保护测试仪输出电流小于 0.95 倍整定电流值时，电流继电器可靠不动作；当继电保护测试仪输出电流大于 1.05 倍时，电流继电器可靠动作。电流继电器校验合格。

项目 2 电流互感器极性检验

特种作业（电工）安全操作技术实操考试任务书

一、题目

10kV 电流互感器极性检验（满分 40 分）。

二、工具、材料、设备场地

10kV 电流互感器，检流计，电池，测试导线，万用表，其他设备、器材、工具。

三、考核项目

××变电站 10kV 出线间隔停电检修，电流互感器型号：LZZBJ9－10，现要对该电流互感器进行极性校验，现场安全措施布置到位，请根据下列要求开展现场测试。

（1）准备试验设备、工器具及辅助材料。

（2）按照作业任务要求对被试装置回路做好相关安全措施。

（3）电流互感器极性检验。

（4）作业现场恢复整理。

（5）编写《检验报告》。

四、考核方式及时间要求

（1）考核时间 25 分钟，实操及口述，包括编写和检查《检验报告》的时间，时间到停止考评。

（2）考评过程中如果由于考试人员操作不规范，有可能引发不安全因素的，停止考评，该考核项目不得分。

特种作业（电工）安全技术实操考试考评细则

单位：　　　　　　　　　　姓名：　　　　　　　　　　考试得分：

试题类型	10kV 电流互感器极性检验	考核时限	25 分钟
试题分值	40 分	考核方式	实操
需要说明的问题和要求	（1）准备试验设备、工器具及辅助材料。 （2）按照作业任务要求对被试装置回路做好相关安全措施。 （3）电流互感器极性检验。 （4）作业现场恢复整理。 （5）编写《检验报告》		
工具、材料、设备场地	10kV 电流互感器，检流计，电池，测试导线，万用表，其他设备、器材、工具		

序号	考试项目	项目操作名称	满分	质量要求	扣分
1	电流互感器极性检验	准备工作	6	检查着装穿戴：安全帽、工作服、绝缘鞋穿戴正确； 检查工器具符合使用要求； 检查电源； 检查被试设备（装置）； 检查测试仪器仪表； 按照规范办理工作票（口述）	每错误一项扣 1 分，共计 6 分，扣完为止
		安全实操	26	电流互感器极性试验接线： 电流互感器的接线正确； 电流互感器测试仪接线正确； 电流互感器测试仪接地正确。 电流互感器接线拆除： 拆除电流互感器二次接线；做好拆线记录； 检查试验接线正确可靠； 接线端子交流连片已划开。 电流互感器极性试验：电流互感器测试仪极性试验应正确为减级性。 工器具的使用：按照安全技术规程正确使用工器具。 试验结果判断：检流计指针顺时针偏转时，电流互感器为正极性	未核对或检查不全扣 2 分，共计 4 分； 错误一项扣 2 分，共计 4 分； 错误一项扣 4 分，共计 8 分； 错误一项扣 2 分，共计 4 分； 判断错误扣 6 分
		文明作业	4	清理现场：清扫现场，工器具现场无遗漏	现场未清理扣 4 分；导线和工器具有遗漏，每项扣 1 分
		编写报告	4	检验报告编写完整正确： 记录温度、湿度； 测试人员、时间； 测试数据； 结果分析（测试结论）； 询问办理工作票终结手续	编写错误或不全每项扣 1 分，共计 4 分；未询问工作票终结手续扣 2 分，扣完为止
2	否定项	否定项说明		对给定的校验任务，无法正确使用极性表，违反安全操作要求导致自身或仪表处于不安全状态等，该题得零分，终止该项目考试	
3		合计	40	考试得分	

考评员：　　　　　　　　　　日期：

附：特种作业（电工）安全技术实操考试答题纸（范例）

10kV 电流互感器极性检验报告

现场检验时间：××××年××月××日，作业人员：××，××。

现场环境：温度，湿度。

一、测量流程记录

极性表检验合格日期：××年××月××日。

设备名称：10kV 电流互感器，铭牌编号：LZZBJ9-10。

二、测量数据记录

（1）电流互感器接线拆除，拆除电流互感器二次接线，做好拆线记录。

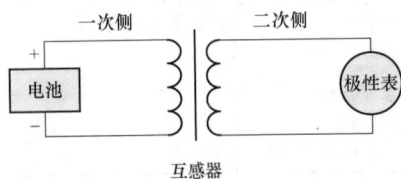

图1　极性试验接线图

（2）检查试验接线正确可靠。

（3）接线端子交流连片已划开。

（4）电流互感器一次侧 N 极接电池负极，一次侧 P 极接电池的正极；在电流互感器二次侧观察检流计指针变化情况。

（5）极性试验接线图如图1所示。

三、结果分析

结论：极性表指针顺时针偏转，电流互感器为正极性。

项目3　电流速断保护检验

特种作业（电工）安全操作技术实操考试任务书

一、题目

电流速断保护检验（线路微机保护装置）（满分40分）。

二、工具、材料、设备场地

继电保护测试仪，PCS-931 线路微机保护装置，直流电源，测试导线，万用表，其他设备、器材、工具。

三、考核项目

××变电站220kV线路双套保护装置定检，其中一套线路保护装置型号为PCS-931，电流整定值1A，具备定检条件，请根据下列要求开展现场试验。

（1）准备试验设备、工器具及辅助材料。

（2）按照作业任务要求对被试装置回路做好相关安全措施。

（3）电流速断保护检验。

（4）作业现场恢复整理。

（5）编写《检验报告》。

四、考核方式及时间要求

（1）考核时间 25 分钟，实操及口述，包括编写和检查《检验报告》的时间，时间到停止考评。

（2）考评过程中如果由于考试人员操作不规范，有可能引发不安全因素的，停止考评，该考核项目不得分。

特种作业（电工）安全技术实操考试考评细则

单位：			姓名：		考试得分：	
试题类型	电流速断保护检验（线路微机保护装置）		考核时限		25 分钟	
试题分值	40 分		考核方式		实操	
需要说明的问题和要求	（1）准备试验设备、工器具及辅助材料。 （2）按照作业任务要求对被试装置回路做好相关安全措施。 （3）电流速断保护检验。 （4）作业现场恢复整理。 （5）编写《检验报告》					
工具、材料、设备场地	继电保护测试仪，PCS-931 线路微机保护装置，直流电源，测试导线，万用表，其他设备、器材、工具					
序号	考试项目	项目操作名称	满分	质量要求		扣分
1	电流速断保护检验（线路微机保护装置）	准备工作	4	检查着装穿戴：安全帽、工作服、绝缘鞋穿戴正确。 检查工器具符合使用要求； 检查电源； 检查被试设备（装置）； 检查测试仪器仪表。 按照规范办理工作票（口述）		每错误一项扣 1 分，共计 4 分，扣完为止
		安全操作	32	检查微机保护装置外观和接线端子交流连片已划开。 正确投退保护压板： 投入"电流保护"硬压板； 投入"电流速断保护"控制字。 保护定值核对： 打印保护定值； 将打印出来的保护定值与定值单进行核对。		未检查或检查不全扣 2 分，共计 4 分； 未投退压板或投退错误一项扣 2 分，共计 4 分； 未核对或核对错误一项扣 2 分，共计 4 分；
				检查试验接线正确。 将试验仪器测试线接入接线端子；试验仪器要可靠接地，接地线先接地端，再接仪器端。		错误一项扣 2 分，共计 4 分；
				微机保护装置交流采样值的校验：给微机保护装置分别加入电压和电流，观察装置是否显示正确。		错误一项扣 2 分，共计 4 分；
				微机保护装置整定值校验：按照定值单给定的整定值的 0.95 倍和 1.05 倍，分别给微机保护装置 A、B、C 相加入电流，观察装置三相是否分别正确动作		每一相错误一项扣 2 分，共计 12 分

序号	考试项目	项目操作名称	满分	质量要求	扣分
1	电流速断保护检验（线路微机保护装置）	文明作业	2	清理现场，交还工器具，按现场"5S 管理"规定进行操作	现场未清理扣 2 分；导线和工器具有遗漏，每项扣 1 分
		编写报告	2	检验报告编写完整正确：记录温度、湿度；测试人员、时间；测试数据；结果分析（测试结论）；询问办理工作票终结手续	编写错误或不全每项扣 1 分，共计 4 分，未询问工作票终结手续扣 2 分，扣完为止
2	否定项	否定项说明		对给定的校验任务，无法正确使用继电保护试验仪，违反安全操作要求导致自身或仪表处于不安全状态等，该题得零分，终止该项目考试	
3	合计		40	考试得分	

考评员：　　　　　　　　　　　　　　日期：

附：特种作业（电工）安全技术实操考试答题纸（范例）

电流速断保护（线路微机保护装置）检验报告

现场检验时间：××××年××月××日，作业人员：××，××。

现场环境：温度，湿度。

一、测量流程记录

（1）安全措施：做好母差电流回路隔离，不使电流误输入母差回路。

（2）拆除电压回路二次线，用绝缘胶带缠绕裸漏线芯，做好绝缘措施。

（3）退出线路保护失灵启动压板等与运行回路有联系的压板。

（4）检查继电保护测试仪、保护装置完好，在有效期内。

（5）试验连线：将保护装置电流回路接入至继电保护测试仪的电流输出端。

（6）继电保护测试仪输出电流 $0.9 \sim 1.1A$。

二、测量数据记录

当继电保护测试仪输出电流小于 $0.95A$ 时，电流速断保护可靠不动作。

当继电保护测试仪输出电流大于 $1.05A$ 时，电流速断保护可靠动作。

三、结果分析

结论：当继电保护测试仪输出电流小于 0.95 倍整定电流值时，电流速断保护可靠不动作；当继电保护测试仪输出电流大于 1.05 倍时，电流速断保护可靠动作。依据 DL/T 995—2016《继电保护和电网安全自动装置检验规程》，检验合格。

项目4　线路重合闸自动装置检验

特种作业（电工）安全操作技术实操考试任务书

一、题目

线路保护重合闸自动装置检验（满分40分）。

二、工具、材料、设备场地

继电保护测试仪，PCS-931线路微机保护装置（具备重合闸功能），直流电源，测试导线，万用表，其他设备、器材、工具。

三、考核项目

××变电站220kV线路双套保护装置定检，其中一套线路保护装置型号PCS-931，投入重合闸，具备定检条件，请根据下列要求开展现场试验。

（1）准备试验设备、工器具及辅助材料。

（2）按照作业任务要求对被试装置回路做好相关安全措施。

（3）线路重合闸检验。

（4）作业现场恢复整理。

（5）编写《检验报告》。

四、考核方式及时间要求

（1）考核时间25分钟，实操及口述，包括编写和检查《检验报告》的时间，时间到停止考评。

（2）考评过程中如果由于考试人员操作不规范，有可能引发不安全因素的，停止考评，该考核项目不得分。

特种作业（电工）安全技术实操考试考评细则

单位：　　　　　　　　　　　　　姓名：　　　　　　　　　　　　　考试得分：

试题类型	线路保护重合闸自动装置检验	考核时限	25分钟
试题分值	40分	考核方式	实操
需要说明的问题和要求	（1）准备试验设备、工器具及辅助材料。 （2）按照作业任务要求对被试装置回路做好相关安全措施。 （3）线路重合闸检验。 （4）作业现场恢复整理。 （5）编写《检验报告》		
工具、材料、设备场地	继电保护测试仪，PCS-931线路微机保护装置（具备重合闸功能），直流电源，测试导线，万用表，其他设备、器材、工具		

续表

序号	考试项目	项目操作名称	满分	质量要求	扣分
1	线路重合闸检验	检验前的准备工作	4	检查着装穿戴：安全帽、工作服、绝缘鞋穿戴正确。 检查工器具符合使用要求； 检查电源； 检查被试设备（装置）； 检查测试仪器仪表。 按照规范办理工作票（口述）	每错误一项扣1分，共计4分，扣完为止
		安全实操	32	检查微机保护装置外观和接线端子交流连片已划开。 正确投退保护压板：投入"重合闸"硬压板，投入重合闸控制字。 保护定值核对：打印保护定值；将打印出来的保护定值与定值单进行核对。 检查试验接线正确：将试验仪器测试线接入接线端子；试验仪器要可靠接地，接地线先接接地端，再接仪器端。 微机保护装置交流采样值的校验：给微机保护装置分别加入电压和电流，观察装置是否显示正确。 微机保护装置整定值校验：按照定值单给定的整定值的0.95倍和1.05倍，分别给微机保护装置A、B、C相加入电流，其次模拟瞬时性故障，观察装置三相是否分别单跳单重正确动作	未检查或检查不全扣2分，共计4分； 未投退压板或投退错误一项扣2分，共计4分； 未核对或核对错误一项扣2分，共计4分； 错误一项扣2分，共计4分； 错误一项扣2分，共计4分； 每一相错误一项扣2分，共计12分
		文明作业	2	清理现场，交还工器具，按现场"5S管理"规定进行操作	现场未清理扣2分；导线和工器具有遗漏，每项扣1分
		编写《检验报告》	2	检验报告编写完整正确： 记录温度、湿度； 测试人员、时间； 测试数据（定值）； 结果分析（测试结论）； 询问办理工作票终结手续	编写错误或不全每项扣1分，共计4分；未询问工作票终结手续扣2分，扣完为止
2	否定项	否定项说明		对给定的校验任务，无法正确使用继电保护试验仪，违反安全操作要求导致自身或仪表处于不安全状态等，该题得零分，终止该项目考试	
3		合计	40	考试得分	

考评员：　　　　　　　　　　　　　日期：

附：特种作业（电工）安全技术实操考试答题纸（范例）

线路保护重合闸自动装置检验报告

现场检验时间：××××年××月××日，作业人员：××，××。

现场环境：温度，湿度。

一、测量流程记录

（1）核实重合闸充电成功：开关在合闸位置，HHJ 为 1，电压正常［控制字可选电压互感器（TV）断线闭锁重合闸，光纤差动保护投入时可以不用判断电压是否正常即可充电］、闭锁重合闸压板退出、压力低闭锁重合闸无开入、TJR 无开入等，重合闸充电灯亮。

（2）使用继电保护测试仪状态序列：

1）正常状态：电压正常，无负荷及故障电流，30s 触发下一步。

2）故障状态：模拟接地距离 I 段故障，时间 40ms。

3）正常状态：模拟跳开状态，即装置母线电压正常，线路电压正常，时间为等待重合闸时间，设置时间大于 1.5s。

二、测量数据记录

重合闸放电成功，开关在合闸位置，装置显示保护动作灯、重合闸灯点亮，开关合闸位置灯点亮。

三、结果分析

依据 DL/T 995—2016《继电保护和电网安全自动装置检验规程》，PCS-931 线路保护重合闸自动装置检验合格。

项目 5　差动启动值校验

特种作业（电工）安全操作技术实操考试任务书（一）

一、题目

差动启动值校验（变压器微机保护装置）（满分 40 分）。

二、工具、材料、设备场地

继电保护测试仪，PST-1200 变压器微机保护装置，万用表，直流电源，测试导线，其他设备、器材、工具。

三、考核项目

××220kV 变电站，××号主变压器间隔停电检修，现对该间隔主变压器进行差动启动值校验。差流启动元件：$I_{cdqd} = 0.8I_{cd}$，其中：I_{cdqd} 为差动保护启动电流值，I_{cd} 为差动保护电流定值，为 1.25A，具备定检条件，请根据下列要求开展现场试验。

（1）准备试验设备、工器具及辅助材料。

（2）按照作业任务要求对被试装置回路做好相关安全措施。

（3）差动启动值校验。

（4）作业现场恢复整理。

（5）编写《检验报告》。

四、考核方式及时间要求

（1）考核时间 25 分钟，实操及口述，包括编写和检查《检验报告》的时间，时间到停止考评。

（2）考评过程中如果由于考试人员操作不规范，有可能引发不安全因素的，停止考评，该考核项目不得分。

特种作业（电工）安全技术实操考试考评细则

单位：　　　　　　　　　　　　姓名：　　　　　　　　　　　　考试得分：

试题类型	差动启动值校验 （变压器微机保护装置）	考核时限	25 分钟
试题分值	40 分	考核方式	实操/口述
需要说明的问题和要求	（1）准备试验设备、工器具及辅助材料。 （2）按照作业任务要求对被试装置回路做好相关安全措施。 （3）差动启动值检验。 （4）作业现场恢复整理。 （5）编写《检验报告》		
工具、材料、设备场地	继电保护测试仪，PST-1200 变压器微机保护装置，万用表，直流电源，测试导线，其他设备、器材、工具		

序号	考试项目	项目操作名称	满分	质量要求	扣分
1	差动启动值检验（变压器微机保护装置）	准备工作	3	检查着装穿戴：安全帽、工作服、绝缘鞋穿戴正确； 检查工器具符合使用要求； 检查电源； 检查被试设备（装置）； 检查测试仪器仪表。 按照规范办理工作票（口述）	每错误一项扣 1 分，共计 3 分；工作票未请求办理扣 2 分，扣完为止
		安全操作	27	检查微机保护装置外观和接线端子交流连片已划开； 正确投退保护压板。 保护定值核对： 打印保护定值； 将打印出来的保护定值与定值单进行核对。 检查试验接线正确； 将试验仪器测试线接入接线端子； 试验仪器要可靠接地，接地线先接接地端，再接仪器端。 微机保护装置交流采样值的校验：给微机保护装置分别加入电压和电流，观察装置是否显示正确。 微机保护装置整定值校验：按照定值单给定整定值的，分别给微机保护装置加入电流（可单相校验、三相校验），观察装置是否正确启动	未检查或检查不全扣 2 分；未投退压板或投退错误一项扣 2 分，共计 4 分。 未核对或核对错误一项扣 1 分，共计 2 分。 错误一项扣 1 分，共计 3 分。 错误一项扣 2 分，共计 4 分。 每一相错误一项扣 2 分，共计 10 分

续表

序号	考试项目	项目操作名称	满分	质量要求	扣分
1	差动启动值检验（变压器微机保护装置）	文明作业	3	清理现场，交还工器具，按现场"5S管理"规定进行操作	现场未清理扣2分；导线和工器具有遗漏，每项扣1分
		检验报告	7	检验报告编写完整正确：记录温度、湿度；测试人员、时间；测试数据、定值；结果分析（测试结论）；询问办理工作票终结手续	编写错误或不全每项扣1分，未询问工作票终结手续扣2分，共7分，扣完为止
2	否定项	否定项说明		对给定的校验任务，无法正确使用继电保护试验仪，违反安全操作要求导致自身或仪表处于不安全状态等，该题得零分，终止该项目考试	
3	合计		40	考试得分	

考评员： 日期：

附：特种作业（电工）安全技术实操考试答题纸（范例）

差动启动值校验（变压器微机保护装置）报告

现场检验时间：××××年××月××日，作业人员：××，××。

现场环境：温度，湿度。

一、测量流程记录

（1）做好安全措施，拆除电压回路外部接线，用绝缘胶带缠绕裸漏线芯，做好绝缘措施。

（2）已退出主变保护跳各电压等级母联、分段跳闸出口压板、失灵启动压板。

（3）检查继电保护测试仪，校验有效期内。

（4）试验连线，将两组电流用二次试验线连接至继电保护测试仪的电流输出端。

（5）继电保护测试仪输出电流 0.9～1.1A。

二、测量数据记录

（1）当继电保护测试仪输出电流小于 0.95A 时，差动保护不启动。

（2）当继电保护测试仪输出电流大于等于 0.95A 时，差动保护启动，保护启动灯点亮，报文显示"差动保护启动"。

三、结果分析

依据 DL/T 995—2016《继电保护和电网安全自动装置检验规程》，PST–1200 变压器微机保护装置差动启动值检验合格。

特种作业（电工）安全操作技术实操考试任务书（二）

一、题目

差动启动值校验（线路微机保护装置）（满分 40 分）。

二、工具、材料、设备场地

继电保护测试仪，PCS-931 线路微机保护装置，直流电源，万用表，测试导线，其他设备、器材、工具。

三、考核项目

220kV××变电站 2××间隔线路双套保护装置定检，线路保护装置型号：PCS-931，现对该间隔进行差动启动值校验。差流启动元件：$I_{cdqd} = 0.9I_{cd}$，其中：I_{cdqd} 为差动保护启动电流值，I_{cd} 为差动保护电流定值，为 1.11A，具备定检条件，请根据下列要求开展现场试验。

（1）准备试验设备、工器具及辅助材料。

（2）按照作业任务要求对装置回路做好相关安全措施。

（3）差动启动值校验。

（4）作业现场恢复整理。

（5）编写《检验报告》。

四、考核方式及时间要求

（1）考核时间 25 分钟，实操及口述，包括编写和检查《检验报告》的时间，时间到停止考评。

（2）考评过程中如果由于考试人员操作不规范，有可能引发不安全因素的，停止考评，该考核项目不得分。

特种作业（电工）安全技术实操考试考评细则

单位：　　　　　　　　　　　　姓名：　　　　　　　　　　　　考试得分：

试题类型	差动启动值校验（线路微机保护装置）	考核时限	25 分钟
试题分值	40 分	考核方式	实操/口述
需要说明的问题和要求	（1）准备试验设备、工器具及辅助材料。 （2）按照作业任务要求对被试装置回路做好相关安全措施。 （3）差动启动值检验。 （4）作业现场恢复整理。 （5）编写《检验报告》		
工具、材料、设备场地	继电保护测试仪，PCS-931 线路微机保护装置，直流电源，万用表，测试导线，其他设备、器材、工具		

序号	考试项目	项目操作原理	满分	质量要求	扣分
1	差动启动值检验（变压器微机保护装置）	准备工作	3	检查着装穿戴：安全帽、工作服、绝缘鞋穿戴正确； 检查工器具符合使用要求； 检查电源； 检查被试设备（装置）； 检查测试仪器仪表。 按照规范办理工作票（口述）	每错误一项扣 1 分，共计 3 分；工作票未请求办理扣 2 分，扣完为止

序号	考试项目	项目操作原理	满分	质量要求	扣分
1	差动启动值检验（变压器微机保护装置）	安全操作	27	检查微机保护装置外观和接线端子交流连片已划开； 正确投退保护压板； 保护定值核对； 打印保护定值； 将打印出来的保护定值与定值单进行核对。 检查试验接线正确； 将试验仪器测试线接入接线端子； 试验仪器要可靠接地，接地线先接接地端，再接仪器端。 微机保护装置交流采样值的校验：给微机保护装置分别加入电压和电流，观察装置是否显示正确。 微机保护装置整定值校验：按照定值单给定的整定值校验，分别给微机保护装置加入电流（可单相校验、可三相校验），观察装置是否正确启动	未检查或检查不全扣2分，共计4分； 未投退压板或投退错误一项扣2分，共计4分； 未核对或核对错误一项扣1分，共计2分； 错误一项扣1分，共计3分； 错误一项扣2分，共计4分； 每一相错误一项扣2分，共计10分
		文明作业	3	清理现场，交还工器具，按现场"5S管理"规定进行操作	现场未清理扣2分；导线和工器具有遗漏，每项扣1分
		编写报告	7	检验报告编写完整正确： 记录温度、湿度； 测试人员、时间； 测试数据、定值； 结果分析（测试结论）； 询问办理工作票终结手续	编写错误或不全每项扣1分；未询问工作票终结手续扣2分，共计7分，扣完为止
2	否定项	否定项说明		对给定的校验任务，无法正确使用继电保护试验仪，违反安全操作要求导致自身或仪表处于不安全状态等，该题得零分，终止该项目考试	
3	合计		40	考试得分	

考评员：　　　　　　　　　　　　　　日期：

附：特种作业（电工）安全技术实操考试答题纸（范例）

差动启动值校验（线路微机保护装置）报告

现场检验时间：××××年××月××日，作业人员：××，××。

现场环境：温度，湿度。

一、测量流程记录

（1）做好安全措施，拆除电压回路外部接线，用绝缘胶带缠绕裸漏线芯，做好绝缘措施。

（2）检查继电保护测试仪，在有效期内。

（3）试验连线，用二次试验线连接至继电保护测试仪的电流输出端。

（4）继电保护测试仪输出电流 0.9～1.1A。

二、测量数据记录

（1）当继电保护测试仪输出电流小于 1A 时，差动保护不启动。

（2）当继电保护测试仪输出电流大于等于 0.95A 时，差动保护启动，保护启动灯点亮，报文显示"差动保护启动"。

三、结果分析

依据 DL/T 995—2016《继电保护和电网安全自动装置检验规程》，PCS-931 线路微机保护装置差动启动值检验合格。

科目三　作业现场安全隐患排除

项目1　断路器合闸回路故障查找

特种作业（电工）安全操作技术实操考试任务书（一）

一、题目

10kV 断路器合闸回路故障查找（满分 20 分）。

二、工具、材料、设备场地

10kV 线路保护装置（PCS-9611）、PCS-9611 原理图、PCS-9611 说明书，继电保护测试仪，直流电源，试验线，万用表。

三、考核项目

××变电站新扩建 10kV 线路间隔，现对该间隔线路保护无法正常合闸异常故障处理。10kV 线路保护设备型号：PCS-9611，线路保护装置显示正常，外观良好，具备试验条件，请根据下列要求完成现场异常故障处理。

（1）准备检验仪表和工器具。

（2）按照作业任务要求对被试装置回路做好相关安全措施。

（3）开展 10kV 线路保护无法正常合闸回路故障查找。

（4）作业现场恢复整理。

（5）填写《故障排查报告》。

四、考核方式及时间要求

（1）考核时间 15 分钟，实操及口述，时间到停止考评。

（2）考评过程中如果由于考试人员操作不规范，有可能引发不安全因素的，停止考评，该考核项目不得分。

特种作业（电工）安全技术实操考试考评细则

单位：　　　　　　　　　　　姓名：　　　　　　　　　　　考试得分：

试题类型	10kV 断路器合闸回路故障查找	考核时限	15 分钟
试题分值	20 分	考核方式	实操
需要说明的问题和要求	（1）准备检验仪表和工器具。 （2）按照作业任务要求对被试装置回路做好相关安全措施。 （3）模拟 10kV 线路保护无法正常合闸回路故障查找。 （4）作业现场恢复整理。 （5）填写《故障排查报告》		
工具、材料、设备场地	10kV 线路保护装置（PCS-9611）、PCS-9611 原理图、PCS-9611 说明书、继电保护测试仪，直流电源，试验线，万用表		

序号	考试项目	考试内容	满分	评分标准	扣分
1	断路器合闸回路故障查找	检验前的准备工作	2	工器具及辅助材料准备齐全；使用正确的设备和仪表，查看原始报告，戴安全帽、穿工作服、绝缘鞋，戴线手套	未正确穿戴安全帽、工作服、绝缘鞋线手套一项扣 1 分，扣完为止
		断路器合闸回路故障查找：1-4CD4 上的二次接线虚接，保护动作，断路器无法实现合闸	11	正确操作： 检查线路保护装置运行是否正常； 检查线路保护及操作箱指示灯是否正常； 通过模拟线路保护三相短路接地故障； 通过核对图纸，使用万用表对地测量电压，逐步查找故障点； 查找线路保护合闸回路故障并正确处理好，断路器能正常动作	未检查线路保护装置、指示灯运行是否正常一项扣 1 分；未试分合断路器者扣 2 分。 未能通过图纸或使用万用表查找故障点者扣 5 分。 未能正确使用继电保护试验仪模拟线路保护故障合闸试验扣 3 分
		文明作业	2	清理现场，交还工器具，按现场"5S 管理"规定进行操作	现场未清理扣 1 分；试验线和工器具有遗漏，每项 0.5 分
		填写《故障排查报告》	5	故障排查报告填写完整；记录具体故障点及处理方法	编写错误或不完整，每项 1 分； 结果错误或结果分析错误扣 5 分
2	否定项	否定项说明		存在重大安全风险的操作，对人身或者设备构成安全威胁，该题得零分，终止该项目考试	
3	合计		20	考试得分	

考评员：　　　　　　　　　　日期：

附：特种作业（电工）安全技术实操考试答题纸（范例）

10kV 断路器合闸回路故障排查报告

现场排故时间：××××年××月××日，作业人员：××，××。

一、故障简述

现场检查发现，10kV 断路器跳闸灯不亮，合闸灯亮，保护装置运行正常，手动无法合闸。

二、故障点及处理方法

（1）故障点：1-4CD4 上的二次接线虚接。

（2）处理方法：通过图纸核对，合闸回路接线正确，使用万用表对地测量 1-4CD4 上的直流电压，电压显示为 0，回路正常时应为负电，断开控制电源，检查接线端子虚接，处理后，重新合上控制电源，测量合闸回路电位正常，跳闸灯点亮，故障排除。

三、结论

故障排除后，模拟故障测试，保护装置正确动作，断路器动作正常（参照实操现场说明书）。

特种作业（电工）安全操作技术实操考试任务书（二）

一、题目

220kV 断路器合闸回路故障查找（满分 20 分）。

二、工具、材料、设备场地

220kV 线路保护装置（PCS-931）、PCS-931 原理图、PCS-931 说明书，继电保护测试仪，直流电源，试验线，万用表。

三、考核项目

××变电站新扩建 220kV 线路间隔，现对该间隔线路保护无法正常合闸异常故障处理。220kV 线路保护设备型号：PCS-931，线路保护装置显示正常，外观良好，具备试验条件，请根据下列要求完成现场异常故障处理。

（1）准备检验仪表和工器具。

（2）按照作业任务要求对被试装置回路做好相关安全措施。

（3）模拟线路保护 A 相瞬时性接地故障，开展线路保护合闸回路故障查找。

（4）作业现场恢复整理。

（5）填写《故障排查报告》。

四、考核方式及时间要求

（1）考核时间 15 分钟，实操及口述，时间到停止考评。

（2）考评过程中如果由于考试人员操作不规范，有可能引发不安全因素的，停止考评，该考核项目不得分。

特种作业（电工）安全技术实操考试考评细则

单位：　　　　　　　　　　姓名：　　　　　　　　　　考试得分：

试题类型	220kV 保护合闸回路断线故障查找	考核时限	15 分钟
试题分值	20 分	考核方式	实操
需要说明的问题和要求	（1）准备检验仪表和工器具。 （2）按照作业任务要求对被试装置回路做好相关安全措施。 （3）模拟线路保护 A 相瞬时性接地故障，开展线路保护合闸回路故障查找。 （4）作业现场恢复整理。 （5）填写《故障排查报告》		
工具、材料、设备场地	220kV 线路保护装置（PCS-931）、PCS-931 原理图、PCS-931 说明书，继电保护测试仪，直流电源，试验线，万用表		

序号	考试项目	考试内容	满分	评分标准	扣分
1	合闸回路断线故障查找	检验前的准备工作	2	工器具及辅助材料准备齐全；使用正确的设备和仪表，查看原始报告，穿工作服、绝缘鞋	未正确穿戴安全帽、工作服、线手套一项扣 1 分，扣完为止
		合闸回路断线故障查找：1D74 上的 4D98 二次接线虚接，重合闸动作，断路器无法合闸	11	正确操作： 检查线路保护装置运行是否正常； 检查线路保护及操作箱指示灯是否正常； 通过模拟线路保护 A 相接地故障； 通过核对图纸，使用万用表对地测量电压，逐步查找故障点； 查找出线路保护合闸回路故障并正确处理好，断路器能正常动作	未检查线路保护装置、指示灯运行是否正常一项扣 1 分；未试分合断路器扣 2 分；未能通过图纸或使用万用表查找故障点者扣 5 分。 未能正确使用继电保护试验仪模拟线路保护故障跳合闸试验扣 3 分
		文明作业	2	清理现场，交还工器具，按现场"5S 管理"规定进行操作	现场未清理扣 1 分；试验线和工器具有遗漏，每项扣 0.5 分
		填写《故障排查报告》	5	故障排查报告填写完整；记录具体故障点及处理方法	编写错误或不完整，每项扣 1 分；结果错误或结果分析错误扣 5 分
2	否定项	否定项说明		存在重大安全风险的操作，对人身或者设备构成安全威胁，该题得零分，终止该项目考试	
3		合计	20	考试得分	

考评员：　　　　　　　　　　日期：

附：特种作业（电工）安全技术实操考试答题纸（范例）

220kV 断路器合闸回路故障排查报告

现场排故时间：××××年××月××日，作业人员：××，××。

一、故障简述

现场检查发现，220kV 断路器跳、合闸灯亮，保护装置运行正常，线路保护带开关传动，发现断路器 A 相无法重合。

二、故障点及处理方法

（1）故障点：1D74 上的 4D98 二次接线虚接。

（2）处理方法：通过图纸核对，合闸回路接线正确，使用万用表对地测量 1D74 上直流电压，电压显示为 0，回路正常时应为负电，断开控制电源，检查接线端子虚接。处理后，重新合上控制电源，测量合闸回路电位正常，线路保护带开关传动，断路器合闸正常，20kV 断路器合闸回路故障正确排除。

三、结论

故障排除后，模拟故障测试，保护装置正确动作，断路器动作正常。

项目 2　备用电源自动投入装置拒动

特种作业（电工）安全操作技术实操考试任务书

一、题目

备用电源自动投入装置拒动（满分 20 分）。

二、工具、材料、设备场地

备用电源自动投入装置（PCS-9651）、PCS-9651 原理图、PCS-9651 说明书，继电保护测试仪，直流电源，试验线，万用表。

三、考核项目

××变电站备用电源自动投入装置无法自动投入，现对该备用电源自动投入装置拒动异常故障处理。10kV 备用电源自动投入装置型号：PCS-9651，备用电源自动投入装置显示正常，外观良好，具备试验条件，请根据下列要求完成现场异常故障处理。

（1）准备检验仪表和工器具。

（2）按照作业任务要求对被试装置回路做好相关安全措施。

（3）开展备用电源自动投入装置拒动异常故障查找。

（4）作业现场恢复整理。

（5）填写《故障排查报告》。

四、考核方式及时间要求

（1）考核时间 15 分钟，实操及口述，时间到停止考评。

（2）考评过程中如果由于考试人员操作不规范，有可能引发不安全因素的，停止考评，该考核项目不得分。

特种作业（电工）安全技术实操考试考评细则

单位：		姓名：		考试得分：	
试题类型	备用电源自动投入装置拒动	考核时限		15 分钟	
试题分值	20 分	考核方式		实操	
需要说明的问题和要求	（1）准备检验仪表和工器具。 （2）按照作业任务要求对被试装置回路做好相关安全措施。 （3）开展备用电源自动投入装置拒动异常故障查找。 （4）作业现场恢复整理。 （5）填写《故障排查报告》				
工具、材料、设备场地	备用电源自动投入装置（PCS－9651）、PCS－9651 原理图、PCS－9651 说明书，继电保护测试仪，直流电源，试验线，万用表				

序号	考试项目	考试内容	满分	评分标准	扣分
1	备用电源自动投入装置拒动	检验前的准备工作	2	工器具及辅助材料准备齐全；使用正确的设备和仪表，查看原始报告，穿工作服、绝缘鞋	未正确穿戴安全帽、工作服、线手套一项扣1分，扣完为止
		备用电源自动投入装置拒动故障查找：1－1KD4 上的二次接线虚接，备用电源自动投入装置拒动	11	正确操作：检查保护装置运行是否正常；检查保护指示灯是否正常；通过模拟备用电源自动投入试验；通过核对图纸，使用万用表对地测量电压，逐步查找故障点；查找出备用电源自动投入故障并正确处理好，断路器能正常动作	未检查保护装置、指示灯运行是否正常一项扣 1 分；未试分合断路器者扣 2 分。未能通过图纸或使用万用表查找故障点者扣 5 分。未能正确使用继电保护试验仪模拟线路保护故障合闸试验扣 3 分
		文明作业	2	清理现场，交还工器具，按现场"5S 管理"规定进行操作	现场未清理扣 1 分；试验线和工器具有遗漏，每项扣 0.5 分
		填写《故障排查报告》	5	故障排查报告填写完整；记录具体故障点及处理方法	编写错误或不完整，每项扣 1 分；结果错误或结果分析错误扣 5 分
2	否定项	否定项说明		存在重大安全风险的操作，对人身或者设备构成安全威胁，该题得零分，终止该项目考试	
3		合计	20	考试得分	

考评员：		日期：	

附：特种作业（电工）安全技术实操考试答题纸（范例）

备用电源自动投入装置拒动故障排查报告

现场排故时间：××××年××月××日，作业人员：××，××。

一、故障简述

现场检查发现，保护装置运行正常，开展备用电源自动投入装置调试时，发现备用电源自动投入装置无法动作。

二、故障点及处理方法

（1）故障点：1-1KD4 上的二次接线虚接。

（2）处理方法：通过图纸核对，合闸回路接线正确，使用万用表对地测量 1-1KD4 上直流电压，电压显示为 0，回路正常时应为负电，断开控制电源，检查接线端子虚接。处理后，重新合上控制电源，测量合闸回路电位正常，备用电源自动投入装置动作正常，备用电源自动投入装置拒动故障排除。

三、结论

故障排除后，模拟故障测试，保护装置正确动作，断路器动作正常。

项目3 跳闸回路断线故障查找

特种作业（电工）安全操作技术实操考试任务书（一）

一、题目

10kV 保护跳闸回路断线故障查找（满分 20 分）。

二、工具材料、设备场地

10kV 线路保护装置（PCS-9611）、PCS-9611 原理图、PCS-9611 说明书，继电保护测试仪，直流电源，试验线，万用表。

三、考核项目

××变电站新扩建 10kV 线路间隔，现对该间隔线路保护无法正常跳闸异常故障处理。10kV 线路保护屏设备型号：PCS-9611，线路保护装置显示正常，外观良好，具备试验条件，请根据下列要求完成现场异常故障处理。

（1）准备检验仪表和工器具。

（2）按照作业任务要求对被试装置回路做好相关安全措施。

（3）模拟 10kV 线路保护三相短路接地故障，开展线路保护跳闸回路故障查找。

（4）作业现场恢复整理。

（5）填写《故障排查报告》。

四、考核方式及时间要求

（1）考核时间 15 分钟，实操及口述，时间到停止考评。

（2）考评过程中如果由于考试人员操作不规范，有可能引发不安全因素的，停止考评，该考核项目不得分。

特种作业（电工）安全技术实操考试考评细则

单位：		姓名：		考试得分：
试题类型	10kV 保护跳闸回路断线故障查找	考核时限		15 分钟
试题分值	20 分	考核方式		实操
需要说明的问题和要求	（1）准备检验仪表和工器具。 （2）按照作业任务要求对被试装置回路做好相关安全措施。 （3）模拟 10kV 线路保护三相短路接地故障，开展跳闸回路故障查找。 （4）作业现场恢复整理。 （5）填写《故障排查报告》			
工具、材料、设备场地	10kV 线路保护装置（PCS－9611）、PCS－9611 原理图、PCS－9611 说明书，继电保护测试仪，直流电源，试验线，万用表			

序号	考试项目	考试内容	满分	评分标准	扣分
1	跳闸回路断线故障查找	检验前的准备工作	2	工器具及辅助材料准备齐全；使用正确的设备和仪表，查看原始报告，穿工作服、绝缘鞋	未正确穿戴安全帽、工作服、线手套一项扣 1 分，扣完为止
		跳闸回路断线故障查找：1－4CD2 上的二次接线虚接，保护动作，断路器无法跳闸	11	正确操作： 检查线路保护装置运行是否正常； 检查线路保护及操作箱指示灯是否正常； 通过模拟线路保护三相短路接地故障； 通过核对图纸，使用万用表对地测量电压，逐步查找故障点； 查找出线路保护跳闸回路故障并正确处理好，断路器能正常跳闸	未检查线路保护装置、指示灯运行是否正常一项扣 1 分。 未试分合断路器者扣 2 分；未能通过图纸或使用万用表查找故障点者扣 5 分。 未能正确使用继电保护试验仪模拟线路保护故障跳闸试验扣 3 分
		文明作业	2	清理现场，交还工器具，按现场"5S 管理"规定进行操作	现场未清理扣 1 分；试验线和工器具有遗漏，每项扣 0.5 分
		填写《故障排查报告》	5	故障排查报告填写完整；记录具体故障点及处理方法	编写错误或不完整，每项扣 1 分；结果错误或结果分析错误扣 5 分
2	否定项	否定项说明		存在重大安全风险的操作，对人身或者设备构成安全威胁，该题得零分，终止该项目考试	
3		合计	20	考试得分	

考评员： 　　　　　　　　　　　　　　日期：

附：特种作业（电工）安全技术实操考试答题纸（范例）

10kV 保护跳闸回路断线故障排查报告

现场排故时间：××××年××月××日，作业人员：××，××。

一、故障简述

现场检查发现，10kV 断路器跳合闸灯不亮，保护装置运行正常，线路保护带开关传动，发现断路器无法跳闸。

二、故障点及处理方法

（1）故障点：1-4CD2 上的二次接线虚接。

（2）处理方法：通过图纸核对，合闸回路接线正确，使用万用表对地测量 1-4CD2 上直流电压，电压显示为 0，回路正常时应为负电，断开控制电源，检查接线端子虚接，处理后，重新合上控制电源，测量合闸回路电位正常，线路保护带开关传动，断路器合闸正常，10kV 保护跳闸回路断线故障排除。

三、结论

故障排除后，模拟故障测试，保护装置正确动作，断路器动作正常。

特种作业（电工）安全操作技术实操考试任务书（二）

一、题目

220kV 保护跳闸回路断线故障查找（满分 20 分）。

二、工具、材料、设备场地

220kV 线路保护装置（PCS-931）、PCS-931 原理图、PCS-931 说明书，继电保护测试仪，直流电源，试验线，万用表。

三、考核项目

××变电站新扩建 220kV 线路间隔，现对该间隔线路保护无法正常跳闸异常故障处理。220kV 线路保护设备型号：PCS-931，线路保护装置显示正常，外观良好，具备试验条件，请根据下列要求完成现场异常故障处理。

（1）准备检验仪表和工器具。

（2）按照作业任务要求对被试装置回路做好相关安全措施。

（3）模拟线路保护 A 相接地故障，开展线路保护跳闸回路故障查找。

（4）作业现场恢复整理。

（5）填写《故障排查报告》。

四、考核方式及时间要求

（1）考核时间 15 分钟，实操及口述，时间到停止考评。

（2）考评过程中如果由于考试人员操作不规范，有可能引发不安全因素的，停止考评，该考核项目不得分。

特种作业（电工）安全技术实操考试考评细则

单位：   姓名：   考试得分：

试题类型	220kV 保护跳闸回路断线故障查找	考核时限	15 分钟
试题分值	20 分	考核方式	实操

需要说明的问题和要求	（1）准备检验仪表和工器具。 （2）按照作业任务要求对被试装置回路做好相关安全措施。 （3）模拟线路保护 A 相接地故障，开展线路保护跳闸回路故障查找。 （4）作业现场恢复整理。 （5）填写《故障排查报告》
工具、材料、设备场地	220kV 线路保护屏（PCS－931）、PCS－931 原理图、PCS－931 说明书，继电保护测试仪，直流电源，试验线，万用表

序号	考试项目	考试内容	满分	评分标准	扣分
1	跳闸回路断线故障查找	检验前的准备工作	2	工器具及辅助材料准备齐全；使用正确的设备和仪表，查看原始报告，穿工作服、绝缘鞋	未正确穿戴安全帽、工作服、线手套一项扣 1 分，扣完为止
		跳闸回路断线故障查找：1D70 上的 4D111 虚接，保护动作，A 相断路器无法跳闸	11	正确操作： 　检查线路保护装置运行是否正常； 　检查线路保护及操作箱指示灯是否正常； 　通过模拟线路保护 A 相接地故障； 　通过核对图纸，使用万用表对地测量电压，逐步查找故障点； 　查找出线路保护跳闸回路故障并正确处理好，断路器能正常跳闸	未检查线路保护装置、指示灯运行是否正常一项扣 1 分； 　未试分合断路器者扣 2 分； 　未能通过图纸或使用万用表查找故障点者扣 5 分； 　未能正确使用继电保护试验仪模拟线路保护故障跳闸试验扣 3 分
		文明作业	2	清理现场，交还工器具，按现场"5S 管理"规定进行操作	现场未清理扣 1 分；试验线和工器具有遗漏，每项扣 0.5 分
		填写《故障排查报告》	5	故障排查报告填写完整；记录具体故障点及处理方法	编写错误或不完整，每项扣 1 分；结果错误或结果分析错误扣 5 分
2	否定项	否定项说明		存在重大安全风险的操作，对人身或者设备构成安全威胁，该题得零分，终止该项目考试	
3		合计	20	考试得分	

考评员：   日期：

附：特种作业（电工）安全技术实操考试答题纸（范例）

220kV 保护跳闸回路断线故障排查报告

现场排故时间：××××年××月××日，作业人员：××，××。

一、故障简述

现场检查发现，220kV 断路器跳、合闸灯亮，保护装置运行正常，线路保护带开关传动，发现断路器 A 相无法跳闸。

二、故障点及处理方法

（1）故障点：1D70 上的 4D111 二次接线虚接。

（2）处理方法：通过图纸核对，合闸回路接线正确，使用万用表对地测量 1D70 上直流电压，电压显示为 0，回路正常时应为负电，断开控制电源，检查接线端子虚接，处理后，重新合上控制电源，测量合闸回路电位正常，线路保护带开关传动，断路器合闸正常，220kV 保护跳闸回路断线故障排除。

三、结论

故障排除后，模拟故障测试，保护装置正确动作，断路器动作正常。

模块五 电气试验作业

科目一 安全用具使用

项目1 电工仪表使用

特种作业（电工）安全技术实操考试任务书

一、题目

电工仪表使用（满分20分）。

二、工具、材料、设备场地

万用表，钳形电流表，绝缘电阻表，接地电阻测试仪，自选工器具（安全帽、全棉工作服、绝缘手套、绝缘靴、验电器、放电棒、试验线、线手套、绝缘垫、标示牌），10kV电缆。

三、考核项目

（1）口述万用表、钳形电流表、绝缘电阻表、接地电阻测试仪的作用和用途。

（2）选择合适的电工仪表，完成10kV电缆绝缘电阻测量任务。

（3）做好个人安全防护。

（4）对所选的仪器仪表进行检查。

（5）正确使用仪器仪表测量。

（6）正确读数，并对测量数据进行判断。

四、考核方式及时间要求

（1）考核时间10分钟，实操及口述，时间到停止考评。

（2）考评过程中如果由于考试人员操作不规范，有可能引发不安全因素的，停止考评，该考核项目不得分。

特种作业（电工）安全技术实操考试考评细则

单位：			姓名：		考试得分：
试题类型	电工仪表使用		考核时限		10分钟
试题分值	20分		考核方式		口述/实操
需要说明的问题和要求	（1）按给定的测量任务，选择合适的电工仪表。 （2）对所选的仪器仪表进行检查。 （3）正确使用仪器仪表。 （4）正确读数，并对测量数据进行判断				
工具、材料、设备	万用表，钳形电流表，绝缘电阻表，接地电阻测试仪，自选工器具（安全帽、全棉工作服、绝缘手套、绝缘靴、验电器、放电棒、试验线、线手套、绝缘垫、标示牌），10kV 电缆				
序号	考试项目	项目操作名称	满分	质量要求	扣分
1	电工仪表使用	试验前准备	6	个人安全防护（安全帽、工作服、绝缘靴、线手套正确佩戴）； 检查验电器，试品验电； 办理工作票； 接好放电棒，试品放电，外观检查，擦拭灰尘	未做好个人安全防护，缺一项扣0.5分，共扣2分； 未正确验电扣2分； 未办理扣2分； 未正确放电扣2分，未检查或擦拭扣1分，未戴绝缘手套一次扣1分
		选用合适的电工仪表	4	口述4类电工仪表（万用表、钳形电表、绝缘电阻表、接地电阻测试仪）的作用； 正确选择合适的电工仪表（提供万用表、钳形电流表、绝缘电阻表、接地电阻测试仪），完成10kV电缆某一相的测量任务	错误一项扣0.5分，共计扣2分； 仪表选择错误扣2分
		仪表检查	2	正确检查所用仪表的外观及校验合格日期； 检查绝缘电阻表电量	未检查扣1分； 未检查扣1分
		正确使用仪表	6	选择合适的档位2500V； L、E两端开路检查； L、E两端归零自检； L 高压端加在电缆待试相的首端测试，时间60s； 测试完毕，先断开L端再关机	选择错误扣1分； 未进行扣1分； 未进行扣1分； 操作错误或存在安全风险扣4分，时间不到扣1分； 操作错误扣2分
		对测量结果进行判断	2	对测量结果进行分析判断，合格标准，大于1000MΩ，符合 GB 50150—2016《电气装置安装工程　电气设备交接试验标准》	口述错误扣2分
2	否定项	否定项说明		对给定的测量任务，无法正确选择合适的仪表，违反安全操作要求导致自身或仪表处于不安全状态等，该题得分为零分，终止该项目考试	
3	合计		20	考试得分	

考评员：　　　　　　　　　　　　　日期：

项目 2　电 工 安 全 用 具 使 用

特种作业（电工）安全技术实操考试任务书（一）

一、题目

携带型接地线使用（满分 20 分）。

二、工具、材料、设备场地

高压验电器，绝缘手套，绝缘靴，绝缘拉杆，防护眼镜，绝缘夹钳，绝缘垫，携带型接地线，脚扣，安全带，安全帽，放电棒。

三、考核项目

××工业园 10kV 前进线 5××线路开展年度检修维护，目前已完成线路停电工作。现需将线路转至检修状态，需要在 5××线路断路器下端口装设一组接地线保障人员作业安全，操作人员、天气环境、作业工具和现场设备符合操作条件，请根据下列要求开展现场操作。

（1）按照作业任务要求正确选择安全用具，做好个人防护工作。

（2）遵循安全操作规程，按照操作票的步骤正确操作。

（3）结束操作任务后，对操作质量进行检查。

四、考核方式及时间要求

（1）考核时间 10 分钟，实操及口述，时间到停止考评。

（2）考评过程中如果由于考试人员操作不规范，有可能引发不安全因素的，停止考评，该考核项目不得分。

特种作业（电工）安全技术实操考试考评细则

单位：		姓名：		考试得分：
试题类型	携带型接地线使用	考核时限		10 分钟
试题分值	20 分	考核方式		实操/口述
需要说明的问题和要求	（1）熟知携带型接地线的用途及结构。 （2）能对携带型接地线进行检查。 （3）正确使用携带型接地线。 （4）熟悉携带型接地线保养要求			
工具、材料、设备场地	高压验电器、绝缘手套、绝缘靴、绝缘拉杆、防护眼镜、绝缘夹钳、绝缘垫、携带型接地线、脚扣、安全带、安全帽、放电棒			

序号	考试项目	项目操作名称	满分	质量要求	扣分
1	高压电工安全用具使用	安全用具的用途及结构	6	口述携带型接地线的作用及使用场合； 　它是将已经停电的设备进行短路接地，保证人身安全的一种安全工器具；	错误一项扣 1 分，共计 1 分

序号	考试项目	项目操作名称	满分	质量要求	扣分
1	高压电工安全用具使用	安全用具的用途及结构	6	口述高压电工安全用具的结构组成； 接地线由带透明护套的多股金属软铜线、线卡、接地桩头、代挂钩的绝缘杆、丝扣连接部分组成	错误一项扣1分，共计1分
		安全用具的检查	3	考评员选定携带型接地线； 检查携带型接地线合格证有效期合格。 检查携带型接地线护套、操作杆外观应清洁光滑，无气泡、皱纹、裂纹、划痕、硬伤、绝缘层脱落、严重的机械或电灼伤痕。 绝缘杆各节丝扣连接部位完好，线卡连接部位无松动。绝缘杆手柄无破损	未检查扣1分； 未检查扣1分； 未检查扣1分
		正确使用安全用具	8	使用携带型接地线，对被检修设备进行操作； 依据安全操作规程要求，应戴绝缘手套，穿绝缘靴； 人体应与带电设备保持足够的安全距离； 手握部位不得越过护环； 在挂接地线前，应使用验电器验证设备确无电压。 装设接地线必须先接接地端，后接导体端，拆解地线顺序相反	选择错误扣2分； 操作错误扣3分； 操作错误扣3分
		安全用具的保养	3	正确叙述携带型接地线的保养要点： 携带型接地线应保存在阴凉、通风、干燥处； 使用后应擦去污物，外观检查合格后，对号存放在对应地点； 不要用带腐蚀性的化学溶剂和洗涤剂等溶液擦拭； 不能放在露天烈日下曝晒，需经常保持清洁； 携带型接地线五年试验一次	叙述要点不完整，每漏一条扣0.5分
2	合计		20	考试得分	

考评员：   日期：

特种作业（电工）安全技术实操考试任务书（二）

一、题目

绝缘手套的使用（满分 20 分）。

二、工具、材料、设备场地

高压验电器、绝缘手套、绝缘靴、安全帽、防护眼镜、绝缘夹钳、绝缘垫、携带型接地线、脚扣、安全带、登高板、其他设备。

三、考核项目

××35kV 变电站富有线 3×× 间隔电力电缆开展例行试验（预防性试验），目前已完成线路的停电转至检修状态的现场作业，现场安全措施已布置到位，作业人员、天气环境、作业工具和现场运行方式符合试验条件，请根据下列要求开展现场操作。

（1）按照作业任务要求正确选择安全用具，做好个人防护工作。

（2）遵循安全操作规程，按照操作步骤正确操作。

（3）结束操作任务后，对操作质量进行检查。

四、考核方式及时间要求

（1）考核时间 10 分钟，实操及口述，时间到停止考评。

（2）考评过程中如果由于考试人员操作不规范，有可能引发不安全因素的，停止考评，该考核项目不得分。

特种作业（电工）安全技术实操考试考评细则

单位：　　　　　　　　　　　姓名：　　　　　　　　　　考试得分：

试题类型	绝缘手套的使用		考核时限	10 分钟
试题分值	20 分		考核方式	实操、口述
需要说明的问题和要求	（1）熟知绝缘手套的用途及结构。 （2）能对绝缘手套进行检查。 （3）熟悉绝缘手套保养要求			
工具、材料、设备场地	高压验电器、绝缘手套、绝缘靴、安全帽、防护眼镜、绝缘夹钳、绝缘垫、携带型接地线、脚扣、安全带、登高板、其他设备			

序号	考试项目	项目操作名称	满分	质量要求	扣分
1	绝缘手套的使用	用途及结构	6	用途：绝缘手套是一种防止感应电压的辅助安全用具。 结构：采用特种橡胶制成，不可以与普通医用橡胶手套代替	用途叙述有误扣 1 分； 结构叙述有误扣 1 分
		用品的检查	3	绝缘手套的外观； 绝缘手套试验标签在有效期（半年）； 绝缘手套的气密性	未检查扣 1 分； 未检查扣 1 分； 未检查扣 1 分
		正确使用个人防护用品	8	试验前需要佩戴绝缘手套，用专用放电棒对被试电缆进行充分放电； 手握不能超过放电棒的护环，保持足够的安全距离； 应将衣袖伸出部分塞入绝缘手套内； 绝缘手套使用完后，应放到绝缘垫上或专用工具袋内，防止损伤	操作步骤违反安全规程打零分，操作步骤不完整情况视情扣 1~8 分
		个人防护用品的保养	3	使用完成后应擦去污物、灰尘； 外观检查正常后放入指定位置； 应保存在阴凉、通风、干燥处	每种叙述有误扣 1 分
2	合计		20		

考评员：　　　　　　　　　　　　　　日期：

项目3　电工安全标示的辨识

特种作业（电工）安全技术实操考试任务书

一、题目

电工安全标示的辨识（满分20分）。

二、工具、材料、设备场地

标示牌（见图1）："止步，高压危险""在此工作""禁止合闸，有人工作""禁止攀登""禁止跨越"。

图1　电工安全标示牌

三、考核项目

××变电站开展现场10kV开关柜交流耐压试验，请在工作前完成现场的安全措施布置，目前现场有上述五类标示牌，根据现场实际，完成下列考核项目的答题。

（1）正确指出提供的电气试验作业常用的安全标示。

（2）对指定的安全标示进行用途解释。

（3）在指定的作业场景正确布置相关的安全标示。

四、考核方式及时间要求

（1）考核时间10分钟，实操及口述，时间到停止考评。

（2）考评过程中如果由于考试人员操作不规范，有可能引发不安全因素的，停止考评，该考核项目不得分。

特种作业（电工）安全技术实操考试考评细则

单位：　　　　　　　　　　姓名：　　　　　　　　　　考试得分：

试题类型	电工安全标示的辨识	考核时限	10分钟
试题分值	20分	考核方式	实操/口述
需要说明的问题和要求	（1）熟悉高压电工作业常用的安全标示。 （2）能对指定的安全标示进行用途解释。 （3）能对指定的作业场景正确布置相关的安全标示		
工具、材料、设备场地	标示牌："止步，高压危险""在此工作""禁止合闸，有人工作""禁止攀登""禁止跨越"		

序号	考试项目	项目操作名称	满分	质量要求	扣分
1	常用的安全标示的辨识	熟悉常用的安全标示	4	指认图片上所列的5个安全标示，正确指出提供的电气试验作业常用的安全标示牌。 使用正确标示牌"止步，高压危险""在此工作""禁止合闸，有人工作""禁止攀登""禁止跨越"	指认错一个扣1分
2		常用安全标示用途解释	4	对5个安全标示用途进行说明，并解释其用途。 对于现场开关柜耐压试验，明确"止步，高压危险""在此工作""禁止合闸，有人工作"三种标示牌的现场应用	错一个扣1分
3	常用的安全标示的辨识	正确布置安全标示	12	按照指定的电气试验实操作业前的场景（安全围栏向内悬挂"止步，高压危险"）正确布置相关的安全标示（五选三）； ××变电站开展现场10kV开关柜交流耐压试验，为保障现场安全，"止步，高压危险""在此工作""禁止合闸，有人工作"三种标示牌的现场应用	选错标示一个扣3分，摆放位置错误一个扣3分
4	合计		20	考试得分	

考评员：　　　　　　　　　　日期：

科目二　安全操作技术

项目1　变压器变压比试验操作

特种作业（电工）安全技术实操考试任务书

一、题目

变压器变压比试验操作（满分40分）。

二、工具、材料、设备场地

变压器变压比测试仪，10kV 双绕组变压器，自选工器具（安全帽、全棉工作服、绝缘手套、绝缘靴、验电器、放电棒、试验线、线手套、绝缘垫、标示牌）。

三、考核项目

××变电站 10kV 双绕组变压器（1 号站用变压器）开展投运前变比试验，变压器型号：S11−50/10，10/0.4kV，变压器的高低侧引流线已经拆除，具备试验条件，请根据下列要求开展现场试验。

（1）准备试验设备、工器具及辅助材料。

（2）按照作业任务要求正确选择安全用具，做好个人防护工作。

（3）遵循安全操作规程，按照 GB 50150—2016《电气装置安装工程 电气设备交接试验标准》的要求开展变压器变压比试验的正确操作。

（4）作业现场恢复整理。

（5）编写《试验报告》。

四、考核方式及时间要求

（1）考核时间 30 分钟，实操考核，时间到停止考评。

（2）考评过程中如果由于考试人员操作不规范，有可能引发不安全因素的，停止考评，该考核项目不得分。

特种作业（电工）安全技术实操考试考评细则

单位：　　　　　　　　　　　　姓名：　　　　　　　　　　　　考试得分：

试题类型	变压器变压比试验操作		考核时限	30 分钟
试题分值	40 分		考核方式	实操
需要说明的问题和要求	（1）准备试验设备、工器具及辅助材料。 （2）按照作业任务要求正确选择安全用具，做好个人防护工作。 （3）遵循安全操作规程，按照电气试验规程的要求正确操作。 （4）作业现场恢复整理。 （5）编写《试验报告》			
工具、材料、设备场地	变压器变压比测试仪，10kV 双绕组变压器，自选工器具（安全帽、全棉工作服、绝缘手套、绝缘靴、验电器、放电棒、试验线、线手套、绝缘垫、标示牌）			
序号	考试项目	项目操作名称	满分	质量要求	扣分
1	变压器变压比试验操作	试验前准备工作	10	个人安全防护（安全帽、工作服、绝缘靴、线手套正确佩戴）。 请求办理工作票； 查看原始报告； 检查安全工器具； 检查电源盘； 放置温湿度计； 验电检查； 正确放电； 检查设备外观； 清擦设备	未做好个人安全防护，缺一项扣 0.5 分，共 2 分； 错误或遗漏一项扣 1 分； 未请求办理工作票扣 2 分

续表

序号	考试项目	项目操作名称	满分	质量要求	扣分
1	变压器变压比试验操作	变压器变压比试验	22	检查试验仪器在检验合格日期。	未检查或检查不全扣2分；
				检查试验接线正确可靠； 检查试验接线夹连接可靠；变压器高、低压侧接线对应正确； 接地线先接接地端，再接仪器端； 测试线先接仪器端，再接设备端。	错误一项扣2分，共计6分；
				试验仪器参数设置正确： 依据铭牌值填写对应档位的额定变压比； 绕组连接组别； 分接位置。	错误一项扣2分，共计6分；
				试验仪器正确操作： 连接电源线； 点击开始测试按钮，待数据稳定后（≥5s），准确记录； 切换档位，在仪器中做对应的档位参数调整； 继续测试下一档位，若数据变动较大，对于分接开关多档位循环磨动；	错误一项扣2分，共计6分；
				测试完毕或更换接线，应放电； 放电应戴绝缘手套。	错误一次扣2分；
				依据试验规程要求，试验结果与铭牌值相比偏差应在±0.5%范围内	判断错误扣3分
		文明作业	3	清理现场，交还工器具，按现场"5S管理"规定进行操作	现场未清理扣3分；线和工器具有遗漏，每项扣1分
		编写试验报告	5	试验报告编写完整正确： 记录温度、湿度； 设备厂家、型号、编号、出厂日期； 仪器型号、编号、厂家、校验日期；	编写错误或不完整每项扣0.5分；
				初始值及试验数据； 测试数据分析； 判断规程及结论	结果错误或结果分析错误扣2分
2	否定项	否定项说明		存在重大安全风险的操作，对人身或者设备构成安全威胁，该题得零分，终止该项目考试	
3		合计	40	考试得分	

考评员：　　　　　　　　　　　　　日期：

附：特种作业（电工）安全技术实操考试答题纸（范例）

电　气　试　验　报　告

现场试验时间：××××年××月××日，作业人员：××，××。

一、试验条件和基础数据记录

环境条件：

天气__晴朗__ 温度__20℃__ 湿度__45%__

设备铭牌：

编号：__20190__ 型号：__S11-50/10__ 厂家：__山东泰开变压器__

出厂日期__2019.02.24__

仪器铭牌：

编号：__355__ 型号：__ERT-20T__ 厂家：__武汉武测电气__

校验日期：__××××年××月××日__

二、试验测量数据记录

初始值：三档位 25.1（以其中一档为例）。

测试值：三档位 25.2。

计算过程：（25.3-25.1）/25.1＝0.4%。

三、结果分析

依据__GB 50150—2016《电气装置安装工程 电气设备交接试验标准》__规程（标准），分析（判定依据）：__依据试验规程要求，试验结果与初始值（铭牌值）相比偏差应在±0.5%范围内。__

试验结论：__试验数据合格。__

检修建议：__无。__

项目 2 氧化锌避雷器直流试验操作

特种作业（电工）安全技术实操考试任务书

一、题目

10kV 氧化锌避雷器直流试验操作（满分 40 分）。

二、工具、材料、设备场地

10kV 氧化锌避雷器，直流高压发生器，自选工器具（安全帽、全棉工作服、绝缘手套、绝缘靴、验电器、放电棒、试验线、线手套、绝缘垫、标示牌）。

三、考核项目

10kV××线路停电检修，对该间隔开关柜内氧化锌避雷器开展预防性试验，避雷器型号：HY5WZ-17/50，避雷器的高压引线已经拆除，请根据下列要求开展现场试验。

（1）准备试验设备、工器具及辅助材料。

（2）按照作业任务要求正确选择安全用具，做好个人防护工作。

（3）遵循安全操作规程，按照 DL/T 596—2021《电力设备预防性试验规程》的要求开展 10kV 氧化锌避雷器直流试验正确操作。

（4）作业现场恢复整理。

（5）编写《试验报告》。

四、考核方式及时间要求

（1）考核时间 30 分钟，实操考核，时间到停止考评。

（2）考评过程中如果由于考试人员操作不规范，有可能引发不安全因素的，停止考评，该考核项目不得分。

特种作业（电工）安全技术实操考试考评细则

单位：			姓名：		考试得分：	
试题类型	10kV 氧化锌避雷器 直流试验操作		考核时限		30 分钟	
试题分值	40 分		考核方式		实操	
需要说明的问题和要求	（1）准备试验设备、工器具及辅助材料。 （2）按照作业任务要求正确选择安全用具，做好个人防护工作。 （3）遵循安全操作规程，按照电气试验规程的要求正确操作。 （4）作业现场恢复整理。 （5）编写《试验报告》					
工具、材料、设备场地	10kV 氧化锌避雷器，直流高压发生器，自选工器具（安全帽、全棉工作服、绝缘手套、绝缘靴、验电器、放电棒、试验线、线手套、绝缘垫、标示牌）					

序号	考试项目	项目操作名称	满分	质量要求	扣分
1	氧化锌避雷器直流试验操作	试验前准备	10	个人安全防护（安全帽、工作服、绝缘靴、线手套正确佩戴）。 请求办理工作票； 查看原始报告； 检查安全工器具； 检查电源盘； 放置温、湿度计； 验电检查； 正确放电； 检查设备外观； 清擦设备	未做好个人安全防护，缺一项 0.5 分，共 2 分。 错误或遗漏一项扣 1 分； 未请求办理工作票扣 2 分
		10kV 氧化锌避雷器直流试验操作	22	检查试验仪器外观，检查校验合格日期。 检查试验接线： 直流输出线夹尾部固定，夹接可靠； 操作台至直流升压器接线正确； 接地线先接接地端，再接仪器端； 试验线先接仪器端，再接设备端。 正确操作： 插入试验电源线； 开机，检查粗细调旋钮归零； 高压通，对避雷器施加直流电压，测出 1mA 下直流电压； 切换测出 75% 该电压的下泄漏电流； 应迅速切换，不得用笔记录数据后再降压或切换。 试验结束： 旋钮归零，降压至零； 高压断； 关机； 切断电源；	未检查或检查不全扣 2 分。 错误一项扣 2 分，共计 6 分。 错误或者遗漏一项扣 2 分，共计 6 分。 错误或者遗漏一项扣 1 分，共计 6 分；未放电拆线扣 2 分；放电未戴绝缘手套一次扣 1 分。

续表

序号	考试项目	项目操作名称	满分	质量要求	扣分
1	氧化锌避雷器直流试验操作	10kV 氧化锌避雷器直流试验操作	22	避雷器放电，必须放电后进行拆线操作。 试验结果判断： 与初始值比较 1mA 下 U_m 在 ±5%； 75%该电压 50μA 内为合格	错误或者遗漏一项扣 3 分
		文明作业	3	清理现场，交还工器具，按现场"5S 管理"规定进行操作	现场未清理扣 3 分；线和工器具有遗漏，每项扣 1 分
		编写试验报告	5	试验报告编写完整正确： 记录温度、湿度； 设备厂家、型号、编号、出厂日期； 仪器型号、编号、厂家、校验日期。 初始值及试验数据； 测试数据分析； 判断规程及结论	编写错误或不完整每项扣 0.5 分。 结果错误或结果分析错误 2 分
2	否定项	否定项说明		存在重大安全风险的操作，对人身或者设备构成安全威胁，该题得零分，终止该项目考试	
3	合计		40	考试得分	

考评员：　　　　　　　　　　　　日期：

附：特种作业（电工）安全技术实操考试答题纸（范例）

电 气 试 验 报 告

现场试验时间：××××年××月××日，作业人员：××，××。

一、试验条件和基础数据记录

环境条件：

天气　晴朗　　温度　20℃　　湿度　45%

设备铭牌：

编号：　33801　　型号：　HY5WZ-17/50　　厂家：　重庆红星避雷器

出厂日期　2020.02.24

仪器铭牌：

编号：　HW60174　　型号：　ZGF300　　厂家：　苏州海沃电气

校验日期：　××××年××月××日

二、试验测量数据记录

初始值：$U_{1mA}=27.1kV$，$0.75I_{U1mA}=6μA$。

测试值：$U_{1mA}=27.6kV$，$0.75I_{U1mA}=10\mu A$。

计算过程：$(27.6-27.1)/27.1=1.84\%$。

三、结果分析

依据 <u>DL/T 596—2021《电力设备预防性试验规程》</u> 规程（标准），分析（判定依据）： <u>依据试验规程要求，试验结果与初始相比偏差在±5%范围内，切换为 75%U_{1mA}</u> <u>的电流为 10μA。</u>

试验结论： <u>试验数据合格。</u>

检修建议： <u>无。</u>

项目3 电流互感器励磁特性试验操作

特种作业（电工）安全技术实操考试任务书（一）

一、题目

10kV 电流互感器励磁特性试验操作（满分 40 分）。

二、工具、材料、设备场地

10kV 浇筑式固体绝缘电流互感器，电流互感器伏安特性测试仪，自选工器具（安全帽、全棉工作服、绝缘手套、绝缘靴、验电器、放电棒、试验线、线手套、绝缘垫、标示牌）。

三、考核项目

××变电站 5××间隔开关柜内 B 相电流互感器更换，对新购置的 10kV 浇筑式固体绝缘电流互感器开展交接试验，设备型号：LZZBJ6–10，电流互感器外观良好，二次保护绕组具备试验条件，请根据下列要求开展现场试验。

（1）准备试验设备、工器具及辅助材料。

（2）按照作业任务要求正确选择安全用具，做好个人防护工作。

（3）遵循安全操作规程，按照 GB 50150—2016《电气装置安装工程 电气设备交接试验标准》要求开展 10kV 电流互感器励磁特性试验的正确操作。

（4）作业现场恢复整理。

（5）编写《试验报告》。

四、考核方式及时间要求

（1）考核时间 30 分钟，实操考核，时间到停止考评。

（2）考评过程中如果由于考试人员操作不规范，有可能引发不安全因素的，停止考评，该考核项目不得分。

特种作业（电工）安全技术实操考试考评细则

单位：　　　　　　　　　　　　姓名：　　　　　　　　　　　　考试得分：

试题类型	10kV 电流互感器励磁特性试验操作	考核时限	30 分钟
试题分值	40 分	考核方式	实操
需要说明的问题和要求	（1）准备试验设备、工器具及辅助材料。 （2）按照作业任务要求正确选择安全用具，做好个人防护工作。 （3）遵循安全操作规程，按照电气试验规程的要求正确操作。 （4）作业现场恢复整理。 （5）编写《试验报告》		
工具、材料、设备场地	10kV 浇筑式固体绝缘电流互感器，电流互感器伏安特性测试仪，自选工器具（安全帽、全棉工作服、绝缘手套、绝缘靴、验电器、放电棒、试验线、线手套、绝缘垫、标示牌）		

序号	考试项目	项目操作名称	满分	质量要求	扣分
1	电流互感器励磁特性试验	试验前准备	10	个人安全防护（安全帽、工作服、绝缘靴、线手套正确佩戴）。 请求办理工作票； 查看原始报告； 检查安全工器具； 检查电源盘； 放置温湿度计； 验电检查； 正确放电； 检查设备外观； 清擦设备	未做好个人安全防护，缺一项扣 0.5 分，共 2 分。 错误或遗漏一项扣 1分； 未请求办理工作票扣 2分
		10kV 电流互感器励磁特性试验	22	检查试验仪器，校验合格日期。 检查试验接线； 一次绕组空载； 输出线夹二次尾部固定，夹接可靠； 接在测量绕组上； 输出和测量线的接线正确； 试验接线先接仪器再接设备端； 接地线先接接地端，再接仪器端。 正确操作： 插入电源线； 开机； 设置被测绕组参数； 设置温度湿度参数； 设置电压、电流参数； 参数设置与铭牌对应； 电压输出通道开，对设备加压； 记录数据； 试验结束； 断开电压输出； 打印数据； 切断电源； 必须放电后进行拆线操作。 试验结果判断：与初始值比较拐点电压和电流无明显变化	未检查或检查不全扣2分。 错误一项扣1分，共计6分。 错误或者遗漏一项参数扣1分，共计8分。 错误或者遗漏一项扣1分，共计3分；未放电拆线扣2分；放电未戴绝缘手套扣2分。 错误扣3分
		文明作业	3	清理现场，交还工器具，按现场"5S 管理"规定进行操作	现场未清理扣3分；线和工器具有遗漏，每项扣1分

续表

序号	考试项目	项目操作名称	满分	质量要求	扣分
1	电流互感器励磁特性试验	编写试验报告	5	试验报告编写完整正确： 记录温度、湿度； 设备厂家、型号、编号、出厂日期； 仪器型号、编号、厂家、校验日期； 初始值及试验数据； 测试数据分析； 判断规程及结论	编写错误或不完整每项扣 0.5 分。 结果错误或结果分析错误 2 分
2	否定项	否定项说明		存在重大安全风险的操作，对人身或者设备构成安全威胁，该题得零分，终止该项目考试	
3	合计		40	考试得分	

考评员：　　　　　　　　　　　日期：

附：特种作业（电工）安全技术实操考试答题纸（范例）

电 气 试 验 报 告

现场试验时间：××××年××月××日，作业人员：××，××。

一、试验条件和基础数据记录

环境条件：

天气　晴朗　　温度　20℃　湿　度　45%

设备铭牌：

编号：　DH22109　　型号：　LZZBJ6－10　　厂家：　大连第一互感器厂

出厂日期　2021.10.23

仪器铭牌：

编号：　HD60174　　型号：　CTC780　　厂家：　石家庄汉迪

校验日期：××××年××月××日

二、试验测量数据记录

初始值（出厂值）：拐点为（电压 28.96V，电流 0.13A）。

测试值：拐点为（电压 29.73V，电流 0.14A）。

计算过程：拐点电压和电流无明显变化。

三、结果分析

依据　GB 50150—2016《电气装置安装工程　电气设备交接试验标准》　规程（标准），分析（判定依据）：依据交接试验规程要求，试验结果与初始值相比拐点电压和电流无明显变化。

试验结论：　试验数据合格。

检修建议：　无。

特种作业（电工）安全技术实操考试任务书（二）

一、题目

110kV 电流互感器励磁特性试验操作（满分 40 分）。

二、工具、材料、设备场地

110kV 油浸式电流互感器，电流互感器伏安特性测试仪，自选工器具（安全帽、全棉工作服、绝缘手套、绝缘靴、验电器、放电棒、试验线、线手套、绝缘垫、标示牌）。

三、考核项目

××变电站1××间隔A相跳闸,检测跳闸对该间隔户外 110kV 油浸式电流互感器A相的冲击情况，现开展励磁特性试验，设备型号：LVB−110W3，电流互感器外观良好，具备试验条件，请根据下列要求开展现场诊断性试验检测。

（1）准备试验设备、工器具及辅助材料。

（2）按照作业任务要求正确选择安全用具，做好个人防护工作。

（3）遵循安全操作规程，按照 DL/T 596—2021《电力设备预防性试验规程》要求开展 110kV 电流互感器 A 相励磁特性试验正确操作。

（4）作业现场恢复整理。

（5）编写《试验报告》。

四、考核方式及时间要求

（1）考核时间 30 分钟，实操考核，时间到停止考评。

（2）考评过程中如果由于考试人员操作不规范，有可能引发不安全因素的，停止考评，该考核项目不得分。

特种作业（电工）安全技术实操考试考评细则

单位：　　　　　　　　　　姓名：　　　　　　　　　　考试得分：

试题类型	110kV 电流互感器励磁特性试验操作	考核时限		30 分钟
试题分值	40 分	考核方式		实操
需要说明的问题和要求	（1）准备试验设备、工器具及辅助材料。 （2）按照作业任务要求正确选择安全用具，做好个人防护工作。 （3）遵循安全操作规程，按照电气试验规程的要求正确操作。 （4）作业现场恢复整理。 （5）编写《试验报告》			
工具、材料、设备场地	110kV 油浸式电流互感器；电流互感器伏安特性测试仪；自选工器具（安全帽、全棉工作服、绝缘手套、绝缘靴、验电器、放电棒、试验线、线手套、绝缘垫、标示牌）			
序号	考试项目	项目操作名称	满分	质量要求	扣分
1	电流互感器励磁特性试验	试验前准备	10	个人安全防护（安全帽、工作服、绝缘靴、线手套正确佩戴）。	未做好个人安全防护，缺一项扣 0.5 分，共 2 分。

续表

序号	考试项目	项目操作名称	满分	质量要求	扣分
1	电流互感器励磁特性试验	试验前准备	10	请求办理工作票； 查看原始报告； 检查安全工器具； 检查电源盘； 放置温湿度计； 验电检查； 正确放电； 检查设备外观； 清擦设备	错误或遗漏一项扣1分； 未请求办理工作票扣2分
		110kV 电流互感器励磁特性试验操作	22	检查试验仪器，校验合格日期。 检查试验接线： 一次绕组空载； 输出线夹二次尾部固定，夹接可靠； 接在测量绕组上； 输出和测量线的接线在二次绕组正确； 试验接线先接仪器再接设备端； 接地线先接接地端，再接仪器端； 正确操作： 插入电源线； 开机； 设置被测绕组参数； 设置温度湿度参数； 设置电压、电流参数； 参数设置与铭牌对应； 电压输出通道开通，对设备加压； 记录数据。 试验结束： 断开电压输出； 打印数据； 切断电源； 必须放电后进行拆线操作。 试验结果判断：与初始值比较拐点电压和电流无明显变化	未检查或检查不全扣2分。 错误一项扣1分，共计6分。 错误或者遗漏一项参数扣1分，共计8分。 错误或者遗漏一项扣1分，共计3分；未放电拆线扣2分；放电未戴绝缘手套扣2分。 错误扣3分
		文明作业	3	清理现场，交还工器具，按现场"5S 管理"规定进行操作	现场未清理扣3分；线和工器具有遗漏，每项扣1分
		编写试验报告	5	试验报告编写完整正确： 记录温度、湿度； 设备厂家、型号、编号、出厂日期； 仪器型号、编号、厂家、校验日期。 初始值及试验数据； 测试数据分析； 判断规程及结论	编写错误或不完整每项扣0.5分。 结果错误或结果分析错误扣2分
2	否定项	否定项说明		存在重大安全风险的操作，对人身或者设备构成安全威胁，该题得零分，终止该项目考试	
3		合计	40	考试得分	

考评员：　　　　　　　　　　　　　　　　日期：

附：特种作业（电工）安全技术实操考试答题纸（范例）

电 气 试 验 报 告

现场试验时间：××××年××月××日，作业人员：××，××。

一、试验条件和基础数据记录

环境条件：

天气　晴朗　　温度　20℃　　湿度　45%

设备铭牌：

编号：　DH22109　　型号：　LVB-110W3　　厂家：　思源赫兹互感器厂

出厂日期　2006.09.23

仪器铭牌：

编号：　HD60174　　型号：　CTC780　　厂家：　石家庄汉迪

校验日期：　××××年××月××日

二、试验测量数据记录

初始值（出厂值）：1S1、1S2 拐点为（电压 270.31V，电流 0.11A）。

测试值：1S1、1S2 拐点为（电压 268.45V，电流 0.10A）。

计算过程：拐点电压和电流无明显变化。

三、结果分析

依据　DL/T 596—2021《电力设备预防性试验规程》　规程（标准），分析（判定依据）：　依据预防性（例行）试验规程要求，1S1、1S2 试验结果与初始值相比拐点电压和电流无明显变化。

试验结论：　试验数据合格。

检修建议：　无。

项目 4　变压器绕组的介质损耗测量操作

特种作业（电工）安全技术实操考试任务书（一）

一、题目

10kV 变压器高压绕组的介质损耗测量操作（满分 40 分）。

二、工具、材料、设备场地

10kV 油浸式变压器（双绕组），介质损耗桥（介质损耗测试仪），自选工器具（安全帽、全棉工作服、绝缘手套、绝缘靴、验电器、放电棒、试验线、线手套、绝缘垫、标示牌）。

三、考核项目

××变电站 10kV 3 号站用变压器低压负荷侧跳闸，排查跳闸对该变压器绝缘影响的冲击情况，现在开展变压器 10kV 高压绕组的介质损耗测量试验，变压器型号：S11−50/10，10/0.4kV，变压器的高低侧引流线已经拆除，外观正常具备试验条件，根据要求开展诊断性试验检测。

（1）准备试验设备、工器具及辅助材料。

（2）按照作业任务要求正确选择安全用具，做好个人防护工作。

（3）遵循安全操作规程，按照 DL/T 393—2021《输变电设备状态检修试验规程》要求开展 10kV 油浸式变压器介质损耗测试正确操作。

（4）作业现场恢复整理。

（5）编写《试验报告》。

四、考核方式及时间要求

（1）考核时间 30 分钟，实操考核，时间到停止考评。

（2）考评过程中如果由于考试人员操作不规范，有可能引发不安全因素的，停止考评，该考核项目不得分。

特种作业（电工）安全技术实操考试考评细则

单位：　　　　　　　　　　　　姓名：　　　　　　　　　　　　考试得分：

试题类型	10kV 变压器高压绕组的介质损耗测量操作	考核时限	30 分钟
试题分值	40 分	考核方式	实操
需要说明的问题和要求	(1) 准备试验设备、工器具及辅助材料。 (2) 按照作业任务要求正确选择安全用具，做好个人防护工作。 (3) 遵循安全操作规程，按照电气试验规程的要求正确操作。 (4) 作业现场恢复整理。 (5) 编写《试验报告》		
工具、材料、设备场地	10kV 油浸式变压器，介质损耗桥（测试仪），自选工器具（安全帽、全棉工作服、绝缘手套、绝缘靴、验电器、放电棒、试验线、线手套、绝缘垫、标示牌）		

序号	考试项目	项目操作名称	满分	质量要求	扣分
1	变压器绕组的介质损耗测量操作	试验前准备工作	10	个人安全防护（安全帽、工作服、绝缘靴、线手套正确佩戴）。 请求办理工作票； 查看原始报告； 检查安全工器具； 检查电源盘； 放置温湿度计； 验电检查； 正确放电； 检查设备外观； 清擦设备	未做好个人安全防护，缺一项扣 0.5 分，共 2 分。 错误或遗漏一项扣 1 分。 未请求办理工作票扣 2 分
		10kV 变压器高压绕组的介质损耗测量操作	22	检查试验仪器在合格日期内； 检查仪器外观； 检查试验接线正确可靠； 选择正确的高压（红色高压）输出线，并在被试绕组上夹接可靠	未检查或检查不全每项扣 1 分； 错误一项扣 2 分，共计 6 分；

序号	考试项目	项目操作名称	满分	质量要求	扣分
1	变压器绕组的介质损耗测量操作	10kV 变压器高压绕组的介质损耗测量操作	22	被试绕组短接，非被试绕组短接接地； 接地线先接接地端，再接仪器端。 正确操作： 插入电源线； 正确选择仪器，并设置为反接线法测试； 开机后，设置完毕各项参数再打开高压输出开关； 加压至 10kV，整个过程中大声呼唱； 断开电压输出； 记录试验数据； 试验结束，断电后先放电再拆除试验接线。 试验结果判断： 介质损耗值不超过 0.008 且与初始值相比无明显变化为试验合格	错误一项扣 2 分，共计 12 分； 判断错误扣 5 分
		文明作业	3	清理现场，交还工器具，按现场"5S 管理"规定进行操作	现场未清理扣 3 分；线和工器具有遗漏，每项扣 1 分
		编写试验报告	5	试验报告编写完整正确： 记录温度、湿度； 设备厂家、型号、编号、出厂日期； 仪器型号、编号、厂家、校验日期。 初始值及试验数据； 测试数据分析； 判断规程及结论	编写错误或不完整每项扣 0.5 分； 结果错误或结果分析错误 2 分
2	否定项	否定项说明		存在重大安全风险的操作，对人身或者设备构成安全威胁，该题得零分，终止该项目考试	
3		合计	40	考试得分	

考评员：　　　　　　　　　　　　　　　日期：

附：特种作业（电工）安全技术实操考试答题纸（范例）

电 气 试 验 报 告

现场试验时间：××××年××月××日，作业人员：××，××。

一、试验条件和基础数据记录

环境条件：

天气　晴朗　　温度　20℃　　湿度　45%

设备铭牌：

编号：___TY09823___ 型号：___S11－50/10___ 厂家：___山东泰开变压器___

出厂日期___2021.06.21___

仪器铭牌：

编号：___FH30214___ 型号：___AI6000E___ 厂家：___济南泛华设备___

校验日期：×××× 年 ×× 月 ×× 日___

二、试验测量数据记录

初始值：0.32%（20℃）。

测试值：0.41%（20℃）。

计算过程：与初始值相比，无明显变化。

三、结果分析

依据___DL/T 393—2021《输变电设备状态检修试验规程》___ 规程（标准），分析（判定依据）：___依据预防性（例行）试验规程要求，试验结果与初始值相比变化范围未超过 30%，且小于 0.8%。___

试验结论：___试验数据合格。___

检修建议：___无。___

特种作业（电工）安全技术实操考试任务书（二）

一、题目

110kV 变压器高压绕组的介质损耗测量操作（满分 40 分）。

二、工具、材料、设备场地

110kV 油浸式变压器（双绕组），介质损耗桥（介质损耗测试仪），自选工器具（安全帽、全棉工作服、绝缘手套、绝缘靴、验电器、放电棒、试验线、线手套、绝缘垫、标示牌）。

三、考核项目

×× 变电站 110kV 1 号主变压器停电检修，完成定期预防性试验检测，现在开展变压器 110kV 高压绕组的介质损耗测量试验，变压器型号：SFSZ9－63000/110，110/35kV，变压器的高低侧引流线已经拆除，外观正常具备试验条件，根据要求开展诊断性试验检测。

（1）准备试验设备、工器具及辅助材料。

（2）按照作业任务要求正确选择安全用具，做好个人防护工作。

（3）遵循安全操作规程，按照 DL/T 393—2021《输变电设备状态检修试验规程》要求开展 110kV 油浸式变压器介质损耗测试正确操作。

（4）作业现场恢复整理。

（5）编写《试验报告》。

四、考核方式及时间要求

（1）考核时间 30 分钟，实操考核，时间到停止考评。

（2）考评过程中如果由于考试人员操作不规范，有可能引发不安全因素的，停止考评，该考核项目不得分。

特种作业（电工）安全技术实操考试考评细则

单位：　　　　　　　　　姓名：　　　　　　　　　考试得分：

试题类型	110kV变压器高压绕组的介质损耗测量操作	考核时限	30分钟
试题分值	40分	考核方式	实操
需要说明的问题和要求	（1）准备试验设备、工器具及辅助材料。 （2）按照作业任务要求正确选择安全用具，做好个人防护工作。 （3）遵循安全操作规程，按照电气试验规程的要求正确操作。 （4）作业现场恢复整理。 （5）编写《试验报告》		
工具、材料、设备场地	110kV油浸式变压器；介质损耗桥（测试仪）自选工器具（安全帽、全棉工作服、绝缘手套、绝缘靴、验电器、放电棒、试验线、线手套、绝缘垫、标示牌）		

序号	考试项目	项目操作名称	满分	质量要求	扣分
1	变压器绕组的介质损耗测量操作	试验前准备工作	10	个人安全防护（安全帽、工作服、绝缘靴、线手套正确佩戴）。 请求办理工作票； 查看原始报告； 检查安全工器具； 检查电源盘； 放置温湿度计； 验电检查； 正确放电； 检查设备外观； 清擦设备	未做好个人安全防护，缺一项扣0.5分，共2分。 错误或遗漏一项扣1分； 未请求办理工作票扣2分
		110kV变压器高压绕组的介质损耗测量操作	22	检查试验仪器在合格日期内；检查仪器外观。 检查试验接线正确可靠；选择正确的高压（红色高压）输出线，并在被试绕组上夹接可靠；被试绕组短接，非被试绕组短接接地；接地线先接接地端，再接仪器端；正确操作；插入电源线；正确选择仪器，并设置为反接线法测试；开机后，设置完毕各项参数再打开高压输出开关；加压至10kV，整个过程中大声呼唱；断开电压输出；记录试验数据；试验结束，断电后先放电再拆除试验接线；试验结果判断：介质损耗值不超过0.008且与初始值相比无明显变化为试验合格	未检查或检查不全每项扣1分；错误一项扣2分，共计6分； 错误一项扣2分，共计12分； 判断错误扣5分

续表

序号	考试项目	项目操作名称	满分	质量要求	扣分
1	变压器绕组的介质损耗测量操作	文明作业	3	清理现场，交还工器具，按现场"5S管理"规定进行操作	现场未清理扣3分；线和工器具有遗漏，每项扣1分
		编写试验报告	5	试验报告编写完整正确：记录温度、湿度；设备厂家、型号、编号、出厂日期；仪器型号、编号、厂家、校验日期；初始值及试验数据；测试数据分析；判断规程及结论	编写错误或不完整每项扣0.5分； 结果错误或结果分析错误2分
2	否定项	否定项说明		存在重大安全风险的操作，对人身或者设备构成安全威胁，该题得零分，终止该项目考试	
3		合计	40	考试得分	

考评员：　　　　　　　　　　　　　　　日期：

附：特种作业（电工）安全技术实操考试答题纸（范例）

电 气 试 验 报 告

现场试验时间：××××年××月××日，作业人员：××，××。

一、试验条件和基础数据记录

环境条件：

天气　晴朗　　温度　20℃　　湿度　45%

设备铭牌：

编号：　HP35092　　型号：　SFSZ9-63000/110　　厂家：　江苏华鹏

出厂日期　2020.09.23

仪器铭牌：

编号：　FH30214　　型号：　AI6000E　　厂家：　济南泛华设备

校验日期：　××××年××月××日

二、试验测量数据记录

初始值：0.57%（20℃）。

测试值：0.62%（20℃）。

计算过程：与初始值相比，无明显变化。

三、结果分析

依据　DL/T 393—2021《输变电设备状态检修试验规程》　规程（标准），分析（判定依据）：　依据预防性（例行）试验规程要求，试验结果与初始值相比变化范围未超过30%，且小于0.8%。

试验结论：　试验数据合格。

检修建议：　无。

项目 5　断路器动作时间特性测量操作

特种作业（电工）安全技术实操考试任务书

一、题目

10kV 真空断路器动作时间特性测量操作（满分 40 分）。

二、工具、材料、设备场地

10kV 真空断路器，开关机械特性测试仪，自选工器具（安全帽、全棉工作服、绝缘手套、绝缘靴、验电器、放电棒、试验线、线手套、绝缘垫、标示牌）。

三、考核项目

××变电站扩建出现 5×× 间隔，对新购置的开关柜内 10kV 真空断路器进行投运前交接试验，设备型号：VS1－12/630A，真空断路器分合闸正常，外观良好，具备试验条件，请根据下列要求开展现场试验。

（1）准备试验设备、工器具及辅助材料。

（2）按照作业任务要求正确选择安全用具，做好个人防护工作。

（3）遵循安全操作规程，按照 GB 50150—2016《电气装置安装工程　电气设备交接试验标准》开展 10kV 真空断路器动作时间特性测量的正确操作。

（4）作业现场恢复整理。

（5）编写《试验报告》。

四、考核方式及时间要求

（1）考核时间 30 分钟，实操考核，时间到停止考评。

（2）考评过程中如果由于考试人员操作不规范，有可能引发不安全因素的，停止考评，该考核项目不得分。

特种作业（电工）安全技术实操考试考评细则

单位：　　　　　　　　　　　　姓名：　　　　　　　　　　　　考试得分：

试题类型	10kV 真空断路器动作时间特性测量操作	考核时限	30 分钟
试题分值	40 分	考核方式	实操
需要说明的问题和要求	（1）准备试验设备、工器具及辅助材料。 （2）按照作业任务要求正确选择安全用具，做好个人防护工作。 （3）遵循安全操作规程，按照电气试验规程的要求正确操作。 （4）作业现场恢复整理。 （5）编写《试验报告》		
工具、材料、设备场地	10kV 真空断路器，机械特性测试仪，自选工器具（安全帽、全棉工作服、绝缘手套、绝缘靴、验电器、放电棒、试验线、线手套、绝缘垫、标示牌）		

续表

序号	考试项目	项目操作名称	满分	质量要求	扣分
1	断路器动作时间特性测量操作	试验前准备工作	10	个人安全防护（安全帽、工作服、绝缘靴、线手套正确佩戴）。请求办理工作票；查看原始报告；检查安全工器具；检查电源盘；放置温湿度计；验电检查；正确放电；检查设备外观；清擦设备	未做好个人安全防护，缺一项扣0.5分，共2分。错误或遗漏一项扣1分；未请求办理工作票扣2分
		10kV 真空断路器动作时间特性测量操作	22	检查试验仪器在合格日期内；检查仪器外观。检查试验接线正确可靠：信号采样线黄绿红 ABC 夹至梅花触头上端；触头下端短接并接地（信号采样线黑色公共端）；分合闸控制输出线夹稳定夹在分合闸线圈回路触头；接地线先接接地端，再接仪器端。正确操作：开机，检查电压调至220V；分别测试额定操作电压下的分、合闸时间；操动控制电源电压在 85%～110%U_N 下合闸最低动作电压，电压在 65%～110%U_N 下分闸最低动作电压，电压在 30%U_N 及以下操作分闸 3 次可靠不动作；分合闸线圈电阻阻值。试验结束：关机；切断电源；测试完成放电接地，拆除试验接线。试验结果判断：分合闸时间与初值无明显变化；合闸三相同期允许值不大5ms；分闸三相同期允许值不大于3ms	未检查或检查不全每项扣1分。错误一项扣2分，共计6分。操作错误或者遗漏试验项目每项扣 2 分，共10分。分析或判断错误每项扣2分，共6分
		文明作业	3	清理现场，交还工器具，按现场"5S 管理"规定进行操作	现场未清理扣3分；线和工器具有遗漏，每项扣1分
		编写试验报告	5	试验报告编写完整正确：记录温度、湿度；设备厂家、型号、编号、出厂日期；仪器型号、编号、厂家、校验日期。初始值及试验数据；测试数据分析；判断规程及结论	编写错误或不完整每项扣0.5分。结果错误或结果分析错误扣2分
2	否定项	否定项说明		存在重大安全风险的操作，对人身或者设备构成安全威胁，该题得零分，终止该项目考试	
3		合计	40	考试得分	

考评员：   日期：

附：特种作业（电工）安全技术实操考试答题纸（范例）

电 气 试 验 报 告

现场试验时间：××××年××月××日，作业人员：××，××。

一、试验条件和基础数据记录

环境条件：

天气__晴朗__　温度__20℃__　湿度__45%__

设备铭牌：

编号：__KY3021__　型号：__VS1–12/630A__　厂家：__温州开元__

出厂日期__2020.07.28__

仪器铭牌：

编号：__HD30216__　型号：__GKC433C__　厂家：__石家庄汉迪__

校验日期：__××××年××月××日__

二、试验测量数据记录

初始值（出厂值）：（A 相为例）合闸 76ms；分闸 38ms。三相合闸不同期 1.2ms；分闸不同期 0.8ms。

测试值：（A 相为例）合闸 78ms；分闸 36ms。三相合闸不同期 0.9ms；分闸不同期 0.7ms。

三、结果分析

依据__GB 50150—2016《电气装置安装工程　电气设备交接试验标准》__规程（标准），分析（判定依据）：__依据分合闸时间（×× ms）和三相不同期（××ms）标准，每相分合闸时间和三相不同期要求范围内。__

试验结论：__试验数据合格。__

检修建议：__无。__

科目三　作业现场安全隐患排除

项目1　互感器绝缘劣化隐患排查

特种作业（电工）安全技术实操考试任务书（一）

一、题目

110kV 电流互感器绝缘劣化隐患排查（满分 20 分）。

二、工具、材料、设备场地

110kV 油浸式电流互感器，绝缘电阻测试仪，介质损耗测试仪，自选工器具（安全帽、全棉工作服、绝缘手套、绝缘靴、验电器、放电棒、试验线、线手套、绝缘垫、标示牌、电源盘）。

三、考核项目

××110kV 变电站平安线 1×× 间隔电流互感器在绝缘油例行试验中发现油色谱数据异常，初步怀疑绝缘存在劣化，现需开展停电介质损耗诊断试验，具备试验条件，请根据下列要求开展现场试验。电流互感器型号：LB6－110W2，上海思源，编号：202301，出厂日期：2020.12.12。

（1）准备试验设备、工器具及辅助材料。

（2）按照作业任务要求正确选择安全用具，做好个人防护工作。

（3）遵循安全操作规程，按照 GB 50150—2016《电气装置安装工程　电气设备交接试验标准》的要求开展电流互感器介质损耗试验的正确操作。

（4）编写《试验报告》，若存在缺陷，写出故障原因和检修意见。

四、考核方式及时间要求

（1）考核时间 15 分钟，实操考核，时间到停止考评。

（2）考评过程中如果由于考试人员操作不规范，有可能引发不安全因素的，停止考评，该考核项目不得分。

特种作业（电工）安全技术实操考试考评细则

单位：		姓名：		考试得分：	
试题类型	110kV 电流互感器绝缘劣化隐患排查		考核时限		15 分钟
试题分值	20 分		考核方式		实操
需要说明的问题和要求	（1）准备试验设备、工器具及辅助材料。 （2）按照作业任务要求正确选择安全用具，做好个人防护工作。 （3）遵循安全操作规程，按照电气试验规程的要求正确操作。 （4）作业现场恢复整理。 （5）编写《试验报告》，并写出故障原因和检修意见				
工具、材料、设备场地	110kV 油浸式电流互感器；绝缘电阻测试仪；介质损耗桥；自选工器具（安全帽、全棉工作服、绝缘手套、绝缘靴、验电器、放电棒、试验线、线手套、绝缘垫、标示牌、电源盘）				
序号	考试项目	项目操作名称	满分	质量要求	扣分
1	互感器绝缘劣化隐患排查操作	试验前准备工作	5	个人安全防护（安全帽、工作服、绝缘靴、线手套正确佩戴）。 请求办理工作票； 查看原始报告； 检查安全工器具； 检查电源盘； 放置温湿度计； 验电检查； 正确放电； 检查设备外观； 清擦设备	未做好个人安全防护，缺一项扣 0.5 分，共 2 分。 错误或遗漏一项扣 1 分； 未请求办理工作票扣 2 分

序号	考试项目	项目操作名称	满分	质量要求	扣分
1	互感器绝缘劣化隐患排查操作	110kV 电流互感器绝缘劣化隐患排查	10	检查试验仪器在合格日期内。 检查试验接线正确可靠：接地刀闸拉开，高压夹钳与一次绕组可靠连接；二次绕组短接接地；末屏与信号线可靠连接。 仪器接线先接接地端再接仪器端。 正确操作：采用正接线测量一次对末屏的介质损耗和电容，仪器设置正确；加压 10kV，操作人员站在绝缘垫上高声呼唱；注意周围情况。 试验结果判断：依据试验规程要求，通过介质损耗和电容量的数据，正确判断互感器的缺陷性质为绝缘缺陷，表征为介质损耗增大，超过警戒值 0.8%，电容量误差超过±5%	未检查或检查不全整扣 0.5 分； 错误一项扣 0.5 分，共计 2 分； 错误一项扣 1 分，共计 3 分； 判断错误扣 3 分
		文明作业	2	清理现场，交还工器具，按现场"5S 管理"规定进行操作	现场未清理扣 2 分；线和工器具有遗漏，每项扣 0.5 分
		编写试验报告	3	试验报告编写完整正确： 记录温度、湿度； 设备厂家、型号、编号、出厂日期； 仪器型号、编号、厂家、校验日期。 初始值及试验数据； 测试数据分析； 判断规程及结论	编写错误或报告信息不完整每项扣 0.5 分。 结果错误或结果分析错误扣 2 分
2	否定项	否定项说明		未设置围栏，未挂标示牌或者未验电，或有重大危害人身和设备行为，该题得零分，终止该项目考试	
3	合计		20	考试得分	

考评员： 日期：

附：特种作业（电工）安全技术实操考试答题纸（范例）

电 气 试 验 报 告

现场试验时间：××××年××月××日，作业人员：××，××。

一、试验条件和基础数据记录

环境条件：

天气 晴朗 温度 20℃ 湿度 45%

设备铭牌：

编号：___202301___ 型号：LB6-110W2 厂家：_上海思源_

出厂日期___2020.12.12___

仪器铭牌：编号：___FH30214___ 型号：AI6000E 厂家：___济南泛华设备___

校验日期：×××× 年 ×× 月 ×× 日

二、试验测量数据记录

初始值：$C_x = 692\text{pF}$。

测试值：$C_x = 689\text{pF}$，$\tan\delta = 1.66\%$（20℃）。

计算过程：与初始值相比，$(689 - 692)/692 = -0.4\%$，无明显变化。

三、结果分析

依据___DL/T 393—2021《输变电设备状态检修试验规程》___规程（标准），分析（判定依据）：_电容量初值差不超过 ±5%，符合标准；介质损耗因数 $\tan\delta$ 为 1.66% 明显大于 0.8%。_

试验结论：___介质损耗因数试验数据不合格，疑似受潮缺陷。___

检修建议：___建议滤油烘干处理。___

特种作业（电工）安全技术实操考试任务书（二）

一、题目

10kV 干式电压互感器绝缘劣化隐患排查（满分 20 分）。

二、工具、材料、设备场地

10kV 干式电压互感器，绝缘电阻测试仪，自选工器具（安全帽、全棉工作服、绝缘手套、绝缘靴、验电器、放电棒、试验线、线手套、绝缘垫、标示牌）。

三、考核项目

×× 35kV 变电站 10kV 母线电压互感器在雨雪天气巡视中发现互感器外绝缘有放电现象，现在更换了电压互感器后重新进行试验，现需停电对新的互感器开展绝缘试验。电压互感器型号：JDZX10-10，厂家：保定市电压互感器厂，编号：202302，出厂日期：2020.10.12。

（1）准备试验设备、工器具及辅助材料。

（2）按照作业任务要求正确选择安全用具，做好个人防护工作。

（3）遵循安全操作规程，按照 GB 50150—2016《电气装置安装工程 电气设备交接试验标准》的要求开展电压互感器一次绕组对二次绕组及地绝缘电阻试验的正确操作。

（4）作业现场恢复整理。

（5）编写《试验报告》，若存在缺陷，写出故障原因和检修意见。

四、考核方式及时间要求

（1）考核时间 15 分钟，实操考核，时间到停止考评。

（2）考评过程中如果由于考试人员操作不规范，有可能引发不安全因素的，停止考评，该考核项目不得分。

特种作业（电工）安全技术实操考试考评细则

单位：　　　　　　　　　　　　　姓名：　　　　　　　　　　　　考试得分：

试题类型	10kV 干式电压互感器绝缘劣化隐患排查	考核时限	15 分钟
试题分值	20 分	考核方式	实操
需要说明的问题和要求	（1）准备试验设备、工器具及辅助材料。 （2）按照作业任务要求正确选择安全用具，做好个人防护工作。 （3）遵循安全操作规程，按照电气试验规程的要求正确操作。 （4）作业现场恢复整理。 （5）编写《试验报告》，并写出故障原因和检修意见		
工具、材料、设备场地	10kV 干式电压互感器，绝缘电阻测试仪，自选工器具（安全帽、全棉工作服、绝缘手套、绝缘靴、验电器、放电棒、试验线、线手套、绝缘垫、标示牌）		

序号	考试项目	项目操作名称	满分	质量要求	扣分
1	互感器绝缘劣化隐患排查操作	试验前准备工作	5	个人安全防护（安全帽、工作服、绝缘靴、线手套正确佩戴）。 请求办理工作票； 查看原始报告； 检查安全工器具； 放置温湿度计； 验电检查； 正确放电； 检查设备外观； 清擦设备	未做好个人安全防护，缺一项扣 0.5 分，共 2 分。 错误或遗漏一项扣 1 分； 未请求办理工作票扣 2 分
		互感器绝缘劣化隐患排查	10	检查试验仪器在合格日期内。 检查试验接线正确可靠；接地刀闸拉开，高压夹钳与一次绕组可靠连接；二次绕组短接接地。 正确操作：一次绕组对二次绕组和地测试加压 2500V，测试绝缘电阻。 试验结果判断：通过绝缘电阻测试数据与历史值分析判断，互感器的外绝缘缺陷性质为劣化，表征为绝缘电阻值低于 1000MΩ，比较不应明显变化	未检查或检查不全整扣 0.5 分； 错误一项扣 0.5 分，共计 2 分； 错误一项扣 1 分，共计 3 分； 判断错误扣 3 分
		文明作业	2	清理现场，交还工器具，按现场"5S 管理"规定进行操作	现场未清理扣 2 分；线和工器具有遗漏，每项扣 0.5 分
		编写试验报告	3	试验报告编写完整正确： 记录温度、湿度； 设备厂家、型号、编号、出厂日期； 仪器型号、编号、厂家、校验日期。 初始值及试验数据； 测试数据分析； 判断规程及结论	编写错误或报告信息不完整每项扣 0.5 分。 结果错误或结果分析错误扣 2 分
2	否定项	否定项说明		未设置围栏，未挂标示牌或者未验电，或有重大危害人身和设备行为，该题得零分，终止该项目考试	
3		合计	20	考试得分	

考评员：　　　　　　　　　　　　日期：

附：特种作业（电工）安全技术实操考试答题纸（范例）

电 气 试 验 报 告

现场试验时间：××××年××月××日，作业人员：××，××。

一、试验条件和基础数据记录

环境条件：

天气　晴朗　　温度　20℃　　湿度　45%

设备铭牌：

编号：　202302　　型号：JDZX10-10　　厂家：保定市电压互感器

出厂日期　2020.10.12

仪器铭牌：

编号：GL32460　　型号：3121　　厂家：　日本共立

校验日期：××××年××月××日

二、试验测量数据记录

初始值（出厂值）：100 000MΩ。

测试值：100 000MΩ。

计算过程：与初始值相比，无明显变化。

三、结果分析

依据　GB 50150—2016《电气装置安装工程　电气设备交接试验标准》　规程（标准），分析（判定依据）：与初始值相比，无明显变化，且绝缘电阻值远大于1000MΩ。

试验结论：　试验数据合格。

检修建议：　无。

项目2　变压器绕组和引线连接故障排查

特种作业（电工）安全技术实操考试任务书（一）

一、题目

10kV变压器高压侧绕组和引线连接故障排查（满分20分）。

二、工具、材料、设备场地

10kV油浸式变压器（双绕组），直流电阻测试仪；自选工器具（安全帽、全棉工作服、绝缘手套、绝缘靴、验电器、放电棒、试验线、线手套、绝缘垫、标示牌、电源盘）。

三、考核项目

××35kV变电站10kV 3号站用变压器在巡视测温中发现高压侧A相套管抱杆线夹温度异常，属于危急性缺陷，需立即停电检修。检修前需要开展10kV变压器高压侧绕组直流电阻测量试验，变压器型号：S11－50/10，10/0.4kV，连接组别：Dyn11，厂家：包头变压器厂。

（1）准备试验设备、工器具及辅助材料，按照作业任务要求正确选择安全用具，做好个人防护工作。

（2）遵循安全操作规程，按照 DL/T 393—2021《输变电设备状态检修试验规程》要求开展 10kV 油浸式变压器高压侧绕组直流电阻测试正确操作。

（3）编写《试验报告》，若存在缺陷，写出故障原因和检修意见。

四、考核方式及时间要求

（1）考核时间 15 分钟，实操考核，时间到停止考评。

（2）考评过程中如果由于考试人员操作不规范，有可能引发不安全因素的，停止考评，该考核项目不得分。

特种作业（电工）安全技术实操考试考评细则

单位：　　　　　　　　　　姓名：　　　　　　　　　　考试得分：

试题类型	10kV 变压器高压侧绕组和引线连接故障排查	考核时限	15 分钟
试题分值	20 分	考核方式	实操
需要说明的问题和要求	（1）准备试验设备、工器具及辅助材料。 （2）按照作业任务要求正确选择安全用具，做好个人防护工作。 （3）遵循安全操作规程，按照电气试验规程的要求正确操作。 （4）作业现场恢复整理。 （5）编写《试验报告》，并写出故障原因和检修意见		
工具、材料、设备场地	10kV 油浸式变压器（双绕组），直流电阻测试仪，自选工器具（安全帽、全棉工作服、绝缘手套、绝缘靴、验电器、放电棒、试验线、线手套、绝缘垫、标示牌、电源盘）		

序号	考试项目	项目操作名称	满分	质量要求	扣分
1	变压器绕组和引线连接故障排查	试验前准备	6	个人安全防护（安全帽、工作服、绝缘靴、线手套正确佩戴）。 请求办理工作票； 查看原始报告； 检查安全工器具； 检查电源盘； 放置温湿度计； 验电检查； 正确放电； 检查设备外观； 清擦设备	未做好个人安全防护，缺一项扣 0.5 分，共 2 分。 错误或遗漏一项扣 1 分； 未请求办理工作票扣 2 分
		10kV 变压器高压侧绕组和引线连接故障排查	8	仪器检查：检查试验仪器在合格日期内。 正确接线： 试验仪器接地顺序为先接接地端，后接仪器端； 对被试品进行验电，并充分放电； 高压绕组与仪器输出端可靠连接，先接仪器端，再接试品端；	未检查或检查不全扣 1 分； 接线错误一项扣 0.5 分，未在地线保护下接线扣 1 分；

续表

序号	考试项目	项目操作名称	满分	质量要求	扣分
1	变压器绕组和引线连接故障排查	10kV 变压器高压侧绕组和引线连接故障排查	8	非被测绕组开路； 试验前检查试验接线正确可靠。 正确操作： 仪器输出电流（高压、低压正确选择电流输出）5A 以下； 数据稳定后，准确记录；仪器复位； 仪器断电； 被试品放电。 试验结果判断： 通过直流电阻测试数据及历史数据，正确判断变压器高压侧故障； 高压侧计算不平衡系数2%（角形接线）	试验前未检查扣1分；错误或者遗漏一项扣1分； 结论错误2分；计算错误2分
		文明作业	2	清理现场，交还工器具，按现场"5S管理"规定进行操作	现场未清理扣2分；线和工器具有遗漏，每项扣0.5分
		编写试验报告	4	试验报告编写完整正确： 记录温度、湿度； 设备厂家、型号、编号、出厂日期； 仪器型号、编号、厂家、校验日期。 初始值及试验数据； 测试数据分析； 判断规程及结论	编写错误或报告信息不完整每项扣0.5分。 结果错误或结果分析错误扣2分
2	否定项	否定项说明		未设置围栏，未挂标示牌或者未验电，或有重大危害人身和设备行为，该题得零分，终止该项目考试	
3		合计	20	考试得分	

考评员：   日期：

附：特种作业（电工）安全技术实操考试答题纸（范例）

电 气 试 验 报 告

现场试验时间：××××年××月××日，作业人员：××，××。

一、试验条件和基础数据记录

环境条件：

天气___晴朗___   温度__20℃__   湿度__45%__

设备铭牌：

编号：__202101__   型号：__S11-50/10__   厂家：__包头变压器厂__

出厂日期__2021.12.21__   连接组别：__Dyn11__

仪器铭牌：

编号：××××　　型号：××××　　厂家：_××××_

校验日期：××××年××月××日

二、试验测量数据记录

初始值：AB　32.30mΩ；BC　32.56mΩ；CA　32.53mΩ。

测试值：AB　32.35mΩ；BC　32.46mΩ；CA　32.47mΩ。

计算过程：与初始值（纵向）比较无明显变化线间（AB、BC、CA）。比较（32.47－32.35）/三相平均值，结果不超过2%。

三、结果分析

依据 _DL/T 393—2021《输变电设备状态检修试验规程》_ 规程（标准），分析（判定依据）：_与初始值（纵向）比较无明显变化；高压侧线间计算不平衡系数2%。_

试验结论：_试验数据合格。_

检修建议：_无。_

特种作业（电工）安全技术实操考试任务书（二）

一、题目

变压器低压侧绕组和引线连接故障排查（满分20分）。

二、工具、材料、设备场地

油浸式变压器（双绕组），直流电阻测试仪，自选工器具（安全帽、全棉工作服、绝缘手套、绝缘靴、验电器、放电棒、试验线、线手套、绝缘垫、标示牌、电源盘）。

三、考核项目

××110kV变电站35kV 1号站用变压器在巡视测温中发现低压侧C相套管抱杆线夹温度异常，属于危急性缺陷，需立即停电排查。检修前需要开展35kV变压器低压侧绕组直流电阻测量试验，变压器型号：S11－200/35，35/10.5kV，连接组别：Dyn11，厂家：包头变压器厂。

（1）准备试验设备、工器具及辅助材料。

（2）按照作业任务要求正确选择安全用具，做好个人防护工作。

（3）遵循安全操作规程，按照DL/T 393—2021《输变电设备状态检修试验规程》要求开展35kV油浸式变压器低压侧绕组直流电阻测试正确操作。

（4）作业现场恢复整理。

（5）编写《试验报告》，若存在缺陷，写出故障原因和检修意见。

四、考核方式及时间要求

（1）考核时间15分钟，实操考核，时间到停止考评。

（2）考评过程中如果由于考试人员操作不规范，有可能引发不安全因素的，停止考评，该考核项目不得分。

特种作业（电工）安全技术实操考试考评细则

单位：		姓名：		考试得分：
试题类型	变压器低压侧绕组和引线连接故障排查	考核时限		15分钟
试题分值	20分	考核方式		实操
需要说明的问题和要求	（1）准备试验设备、工器具及辅助材料。 （2）按照作业任务要求正确选择安全用具，做好个人防护工作。 （3）遵循安全操作规程，按照电气试验规程的要求正确操作。 （4）作业现场恢复整理。 （5）编写《试验报告》，并写出故障原因和检修意见			
工具、材料、设备场地	35kV油浸式变压器（双绕组），直流电阻测试仪，自选工器具（安全帽、全棉工作服、绝缘手套、绝缘靴、验电器、放电棒、试验线、线手套、绝缘垫、标示牌、电源盘）			

序号	考试项目	项目操作名称	满分	质量要求	扣分
1	变压器绕组和引线连接故障排查	试验前准备	6	个人安全防护（安全帽、工作服、绝缘靴、线手套正确佩戴）。 请求办理工作票； 查看原始报告； 检查安全工器具； 检查电源盘； 放置温湿度计； 验电检查； 正确放电； 检查设备外观； 清擦设备	未做好个人安全防护，缺一项扣0.5分，共2分。 错误或遗漏一项扣1分； 未请求办理工作票扣2分
		变压器低压侧绕组和引线连接故障排查	8	仪器检查：检查试验仪器在合格日期内。 正确接线： 试验仪器接地顺序为先接接地端，后接仪器端； 对被试品进行验电，并充分放电； 高压绕组与仪器输出端可靠连接，先接仪器端，再接试品端； 非被测绕组开路； 试验前检查试验接线正确可靠。 正确操作： 仪器输出电流（高压、低压正确选择电流输出）5A以下； 数据稳定后，准确记录；仪器复位； 仪器断电； 被试品放电。 试验结果判断： 通过直流电阻测试数据及历史数据，正确判断变压器低压侧故障； 低压侧计算不平衡系数4%（星形接线）	未检查或检查不全扣1分； 接线错误一项扣0.5分，未在地线保护下接线扣1分； 试验前未检查1分； 错误或者遗漏一项扣1分； 结论错误扣2分； 计算错误扣2分
		文明作业	2	清理现场，交还工器具，按现场"5S管理"规定进行操作	现场未清理扣2分； 线和工器具有遗漏，每项扣0.5分

续表

序号	考试项目	项目操作名称	满分	质量要求	扣分
1	变压器绕组和引线连接故障排查	编写试验报告	4	试验报告编写完整正确：记录温度、湿度；设备厂家、型号、编号、出厂日期；仪器型号、编号、厂家、校验日期；初始值及试验数据；测试数据分析；判断规程及结论	编写错误或报告信息不完整每项扣0.5分 结果错误或结果分析错误2分
2	否定项	否定项说明		未设置围栏，未挂标示牌或者未验电，或有重大危害人身和设备行为，该题得零分，终止该项目考试	
3		合计	20	考试得分	

考评员：　　　　　　　　　　　日期：

附：特种作业（电工）安全技术实操考试答题纸（范例）

电 气 试 验 报 告

现场试验时间：××××年××月××日，作业人员：××，××。

一、试验条件和基础数据记录

环境条件：

天气　晴朗　　温度　20℃　　湿度　45%

设备铭牌：

编号：　2010001　　型号：S11-200/35　　厂家：包头变压器厂

出厂日期　2020.10.21　　　连接组别：Dyn11

仪器铭牌：

编号：××××　　型号：××××　　厂家：××××

校验日期：××××年××月××日

二、试验测量数据记录

初始值：AO　32.30mΩ；BO　32.56mΩ；CO　32.53mΩ。

测试值：AO　32.35mΩ；BO　32.46mΩ；CO　32.47mΩ。

计算过程：与初始值（纵向）比较无明显变化。相间（AO、BO、CO）比较（32.47-32.35）/三相平均值，结果不超过4%。

三、结果分析

依据　DL/T 393—2021《输变电设备状态检修试验规程》　规程（标准），分析（判定依据）：与初始值（纵向）比较无明显变化；低压侧相间计算不平衡系数4%。

试验结论：　试验数据合格。

检修建议：　无。

项目3　断路器触头接触故障排查

特种作业（电工）安全技术实操考试任务书

一、题目

断路器触头接触故障排查（满分20分）。

二、工具、材料、设备场地

10kV真空断路器（ZN63A–12/1250），回路电阻测试仪，自选工器具（安全帽、全棉工作服、绝缘手套、绝缘靴、验电器、放电棒、试验线、线手套、绝缘垫、标示牌、电源盘）。

三、考核项目

××110kV变电站10kV配电室开关柜在巡视测温中发现好运线512间隔小车断路器室温度异常，经分析属于危急性缺陷，需立即停电排查。断路器型号：ZN63A–12/1250，出厂编号：03011，厂家：温州开元，出厂日期：2020.11.13。

（1）准备试验设备、工器具及辅助材料。

（2）按照作业任务要求正确选择安全用具，做好个人防护工作。

（3）遵循安全操作规程，按照DL/T 393—2021《输变电设备状态检修试验规程》要求开展断路器导电回路电阻测试。

（4）作业现场恢复整理。

（5）编写《试验报告》，若存在缺陷，写出故障原因和检修意见。

四、考核方式及时间要求

（1）考核时间15分钟，实操考核，时间到停止考评。

（2）考评过程中如果由于考试人员操作不规范，有可能引发不安全因素的，停止考评，该考核项目不得分。

特种作业（电工）安全技术实操考试考评细则

单位：　　　　　　　　　　姓名：　　　　　　　　　　考试得分：

试题类型	断路器触头接触故障排查	考核时限	15分钟
试题分值	20分	考核方式	实操
需要说明的问题和要求	（1）准备试验设备、工器具及辅助材料。 （2）按照作业任务要求正确选择安全用具，做好个人防护工作。 （3）遵循安全操作规程，按照电气试验规程的要求正确操作。 （4）作业现场恢复整理。 （5）编写《试验报告》，并写出故障原因和检修意见		
工具、材料、设备场地	10kV真空断路器（ZN63A–12/1250），回路电阻测试仪，自选工器具（安全帽、全棉工作服、绝缘手套、绝缘靴、验电器、放电棒、试验线、线手套、绝缘垫、标示牌、电源盘）		

续表

序号	考试项目	项目操作名称	满分	质量要求	扣分
1	断路器触头接触故障排查	试验前准备工作	6	个人安全防护（安全帽、工作服、绝缘靴、线手套正确佩戴）。 请求办理工作票； 查看原始报告； 检查安全工器具； 检查电源盘； 放置温湿度计； 验电检查，需佩戴绝缘手套； 正确放电，需佩戴绝缘手套； 检查设备外观； 清擦设备	未做好个人安全防护，缺一项扣0.5分，共2分。 错误或遗漏一项扣1分； 未请求办理工作票扣2分
		断路器触头接触故障排查	8	检查试验仪器在校验合格日期内；外观正常。 检查试验接线正确可靠： 小车断路器外壳可靠接地； 仪器接地，先接接地端再接仪器端； 测试线先接仪器端，再接设备端； 被测触头与仪器输出端可靠连接，避免夹到真空断路器梅花触指束紧弹簧；接线采用电流线外接触发。 正确操作： 小车断路器在合闸位置； 测试回路电阻所加电流不应小于100A；读数稳定后快速记录数据；仪器放电后，更改测试接线，进行下一相。 试验结果判断：通过测试数据与历史数据及技术标准对比，正确判断断路器B相动、静触头虚接故障，表征为测试值与技术标准比较远远超出规范要求	未检查或检查不全扣0.5分； 错误一项扣0.5分，共计1.5分； 错误一项扣1分，共计3分； 判断错误扣3分
		文明作业	2	清理现场，交还工器具，按现场"5S管理"规定进行操作	现场未清理扣2分；线和工器具有遗漏，每项扣0.5分
		编写试验报告	4	试验报告编写完整正确： 记录温度、湿度； 设备厂家、型号、编号、出厂日期； 仪器型号、编号、厂家、校验日期； 初始值及试验数据、技术标准（≤45μΩ）； 测试数据分析（不超出技术标准1.2倍）； 判断规程及结论	编写错误或报告信息不完整每项扣0.5分； 结果错误或结果分析错误2分
2	否定项	否定项说明		未设置围栏，未挂标示牌或者未验电，或有重大危害人身和设备行为，该题得零分，终止该项目考试	
3	合计		20	考试得分	

考评员：　　　　　　　　　　　　日期

附：特种作业（电工）安全技术实操考试答题纸（范例）

电 气 试 验 报 告

现场试验时间：××××年××月××日，作业人员：××，××。

一、试验条件和基础数据记录

环境条件：

天气　晴朗　　温度　20℃　　湿度　45%

设备铭牌：

编号：　03011　型号：ZN63A-12/1250　厂家：温州开元

出厂日期　2020.11.13

仪器铭牌：

编号：　××××　型号：××××　厂家：××××

校验日期：　××××年××月××日

二、试验测量数据记录

初始值：A　62.32μΩ；B　62.46μΩ；C　62.53μΩ。

测试值：A　62.41μΩ；B　194.33μΩ；C　62.45μΩ。

计算过程：与初始值纵向比较明显变化。相间（A、B、C）横向比较明显变化。

三、结果分析

依据　DL/T 393—2021《输变电设备状态检修试验规程》　规程（标准），分析（判定依据）：判断断路器 B 相动、静触头虚接故障，表征为测试值与技术标准比较远远超出规范要求。

试验结论：　试验数据不合格。

检修建议：　检查动静触头错位和虚接状况，进行打磨和复位。

模块六　作业现场应急处置（科目四）

项目1　触电事故现场的应急处理

特种作业（电工）安全技术实操考试任务书

一、题目

触电事故现场的应急处理（满分 20 分）。

二、工具、材料、设备场地

答题纸、中性笔、电缆识别材料、摄像机、低压触电现场、高压触电现场。

三、考核项目

××330kV 变电站 110kV 1×× 断路器检修作业现场一名工作人员触电倒地，现场检查发现伤者衣物完好，肢体末端触碰带电线缆，请根据下列要求开展触电急救。

（1）低压触电时脱离电源方法及注意事项。

（2）高压触电时脱离电源方法及注意事项。

（3）按照具体口答给分。

（4）结束后，确认摄像录制。

四、考核方式及时间要求

考核时间 10 分钟，考核方式为口述及笔答，同时摄像记录，时间到停止考评。

特种作业（电工）安全技术实操考试考评细则

单位：　　　　　　　　　　　　　姓名：　　　　　　　　　　　　考试得分：

试题类型	触电事故现场的应急处理	考核时限	10 分钟
试题分值	20 分	考核方式	口述、笔答
需要说明的问题和要求	（1）低压触电时脱离电源方法及注意事项。 （2）高压触电时脱离电源方法及注意事项		
工具、材料、设备场地	答题纸、中性笔、电缆识别材料、摄像机、低压触电现场、高压触电现场		

续表

序号	考试项目	项目操作名称	满分	质量要求	扣分
1	触电事故现场的应急处理	低压触电的断电应急方法	10	低压触电脱离电源方法及注意事项： 发现有人低压触电，立即寻找上级电源开关，进行紧急断电，不能断开关则采用绝缘的方法切断电源，切断电源前应做好绝缘防护措施，防止自身触电。 在触电人脱离电源后第一时间拨打 120，还应防止触电人脱离电源后发生二次伤害。 根据触电者的身体特征，派人严密观察，确定是否请医生前来或送往医院诊察。 触电者神志清醒、有意识、心跳正常，但呼吸急促、面色苍白，或曾一度休克但未失去知觉。此时不能采取心肺复苏法抢救，应让触电者在通风暖和的处所静卧休息，时时关注其呼吸及脉搏变化。 触电者心跳、呼吸停止时，应立即采取心肺复苏法抢救，不得贻误时机或中断抢救。 如触电人触电后已出现外伤，处理外伤不应影响抢救工作。 夜间有人触电，急救时应解决临时照明问题	错误一项或漏一项扣2分，共计10分
		高压触电的断电应急方法	10	高压触电脱离电源方法及注意事项： 发现有人高压触电，应立即通知上级有关供电部门，进行紧急断电，不能断电则采用绝缘的方法挑开电线，设法使其尽快脱离电源，挑开电源前应做好绝缘防护措施，防止自身触电。 在触电人脱离电源后第一时间拨打 120，还应防止触电人脱离电源后发生二次伤害。 根据触电者的身体特征，派人严密观察，确定是否请医生前来或送往医院诊察。 触电者神志清醒、有意识、心跳正常，但呼吸急促、面色苍白，或曾一度休克但未失去知觉。此时不能采取心肺复苏法抢救，应让触电者在通风暖和的处所静卧休息，时时关注其呼吸及脉搏变化。 触电者心跳、呼吸停止时，应立即采取心肺复苏法抢救，不得贻误时机或中断抢救。 如触电人触电后已出现外伤，处理外伤不应影响抢救工作	错误一项或漏一项扣2分，共计10分
2		合计	20	考试得分	

考评员：　　　　　　　　　　　　　　　日期：

项目 2　单人徒手心肺复苏操作

特种作业（电工）安全技术实操考试任务书

一、题目

单人徒手心肺复苏操作（满分 20 分）。

二、工具、材料、设备场地

心肺复苏模拟假人、急救箱、一次性纱布、酒精、棉签、备品备件（肺泡）、电子屏。

三、考核项目

××施工作业现场，因低压触电发现张××突然倒地，触电人员已经脱离电源，放置于安全环境进行施救，请根据下列要求操作。

（1）单人徒手心肺复苏操作前规范化流程。

（2）是否施救成功。

（3）整体施救质量判定和评价。

（4）结束后，确认摄像录制。

四、考核方式及时间要求

考核时间 3 分钟，考核方式为实操，同时摄像记录，依据模拟假人实际抢救情况判定分数，时间到停止考评。

特种作业（电工）安全技术实操考试考评细则

试题类型	单人徒手心肺复苏操作	考核时限	3 分钟	得分：
试题分值	100 分（最终换算为 20 分）	考核方式	实操	

需要说明的问题和要求	按照步骤操作：判断意识、呼救、判断颈动脉搏动、定位、胸外按压、畅通气道、打开气道、吹气、判断、整体质量判定和评价

工具、材料、设备场地	心肺复苏模拟假人、急救箱、一次性纱布、酒精、棉签

序号	考试项目	操作名称	满分	质量要求	扣分标准	扣分值
1	单人徒手心肺复苏操作	判断意识	5	拍患者肩部，大声呼叫患者	错误或漏项扣 5 分	
		大声呼救	7.5	环顾四周，请人协助救助，解衣扣、松腰带，摆体位	不呼救扣 3 分；未解衣扣或腰带扣 2.5 分；未摆正体位或体位不正确扣 2 分	
		判断脉动	7.5	判断颈动脉搏动，单侧触摸，时间不少于 5s	不找甲状软骨或位置不对扣 3 分；触摸时不停留和同时触摸两侧颈动脉扣 2 分；耗时大于 10s 或小于 5s 扣 2.5 分	
		按压前定位	10	胸骨中下 1/3 处，一手掌根部放于按压部位，另一手平行重叠于该手手背上，手指并拢，以掌根部接触按压部位，双臂位于患者胸骨的正上方，双肘关节伸直，利用上身重量垂直下压	按压位置靠左、右、上、下每次均扣 1 分；定位方法不正确扣 1 分；双手或双臂动作不正确每次扣 1 分	

续表

序号	考试项目	操作名称	满分	质量要求	扣分标准	扣分值
1	单人徒手心肺复苏操作	胸外按压	15	按压速率每分钟至少 100 次，按压幅度至少 5cm（每个循环按压 30 次，时间 15～18s）	节律不均匀每次扣 2 分；一次小于 15s 或大于 18s 每次扣 2 分；按压幅度小于 5cm 每次扣 1 分	
		打开气道	15	摘掉假牙，清理口腔存在的异物，保持气道畅通，用仰头抬颏法、托颌法，标准为下颌角与耳垂的连线与地面垂直	无清理口腔异物或未摘掉假牙操作扣 3 分；头偏向一侧扣 2 分；过度后仰或程度不够扣 5 分；未打开气道扣 5 分	
		吹气	10	吹气时看到胸廓起伏，吹气毕，立即离开口部，松开鼻腔，视患者胸廓下降后，再吹气（每个循环吹气 2 次）	失败一次扣 1 分；一次未捏鼻孔扣 1 分；两次吹气间不松鼻孔扣 1 分；不看胸廓起伏扣 1 分	
		判断	5	完成 5 次循环后判断有无自主呼吸、心跳；观察双侧瞳孔	漏任何一项扣 1 分	
		整体质量判定和把控	20	有效吹气 10 次，有效按压 150 次，并判定效果（从判断颈动脉搏动开始到最后一次吹气，总时间不超过 130s）	掌跟不重叠每次扣 1 分；手指不离开胸壁每次扣 1 分；每次按压手掌离开胸壁每次扣 1 分；按压时间过长（少于放松时间）每次扣 1 分；按压身体不垂直每次扣 1 分；少按、多按 1 次扣 1 分；少吹、多吹 1 次扣 1 分；总时间每超过 5s 扣 1 分	
		场地整理	5	安置患者，整理服装；摆好体位，整理用物	错误或漏项扣 5 分	

考评员： 日期：

项目 3 灭火器选择和使用

特种作业（电工）安全技术实操考试任务书（一）

一、题目

灭火器选择和使用（满分 20 分）。

二、工具、材料、设备场地

手提式灭火器（自选泡沫灭火器、水基灭火器、干粉灭火器）、火盆、棉纱、油品、急救箱、安全帽、工作服、防火保护手套。

三、考核项目

××330kV 变电站 35kV 1 号站用变压器突发故障，3××断路器跳闸，现场检查 1 号站用变压器释放阀动作，器身起火，事故油池有油迹，设备型号：SZ11－630/35，请根据下列要求开展现场火灾扑灭。

（1）准备工作。

（2）火情判断。

（3）灭火操作。

（4）检查确认。

（5）清点工具，清理现场。

（6）结束后，确认摄像录制。

四、考核方式及时间要求

考核时间 5 分钟，考核方式为实操，同时摄像，时间到停止考评。

特种作业（电工）安全技术实操考试考评细则

单位：　　　　　　　　　　　姓名：　　　　　　　　　　考试得分：

试题类型	灭火器选择和使用	考核时限		5 分钟
试题分值	20 分	考核方式		实操
需要说明的问题和要求	按照步骤操作：准备工作、火情判断、灭火操作、检查确认、清点工具，清理现场			
工具、材料、设备场地	手提式灭火器（自选泡沫灭火器、水基灭火器、干粉灭火器）、火盆、棉纱、油品、急救箱、安全帽、工作服、防火保护手套			
序号	考试项目	项目操作名称	满分	质量要求	扣分
---	---	---	---	---	---
1	灭火器选择和使用	准备工作	2	检查灭火器压力、铅封、出厂合格证、有效期、瓶体、喷管	未检查灭火器扣2分；检查漏项扣1分
		火情判断	4	根据火情选择合适灭火器；迅速赶赴火场；准确判断风向	灭火器选择错误扣4分；动作迟缓扣2分；风向判断错误扣4分
		灭火操作	3	站在火源上风口；离火源3～5m距离；迅速拉下安全环	未站火源上风口扣2分；灭火距离不对扣2分；未迅速拉下安全环扣3分
			4	手握喷嘴对准着火点，压下手柄，侧身对准火源根部由近及远扫射灭火；在干粉将喷完前（3s）迅速撤离火场；火未熄灭应继续更换操作	未侧身对准火源根部扫射扣1分；未由近及远灭火扣1分；干粉喷完前未迅速撤离扣10分；火未熄灭就停止操作扣1分
		检查确认	2	检查灭火效果；确认火源熄灭	未检查或未确认扣2分
			2	将使用过的灭火器放到指定位置；注明已使用	未放到指定位置扣1分；未注明已使用扣2分
			2	报告灭火情况	未报告灭火情况扣2分
		现场清理	1	清理现场，保持整洁有序	未清理现场扣1分
2	合计		20	考试得分	

考评员：　　　　　　　　　　日期：

特种作业（电工）安全技术实操考试任务书（二）

一、题目

灭火器选择和使用（满分 20 分）。

二、工具、材料、设备场地

手提式灭火器（自选泡沫灭火器、水基灭火器、干粉灭火器）、火盆、棉纱、油品、急救箱、安全帽、工作服、防火保护手套。

三、考核项目

××220kV 变电站主控楼火灾报警装置告警，事故音响启动，装置显示 8 号烟感探测器动作，经查 8 号烟感探测器位于变电站资料室，资料室内存放多组木质资料柜及大量纸质资料，请根据下列要求开展现场火灾扑灭。

（1）准备工作。

（2）火情判断。

（3）灭火操作。

（4）检查确认。

（5）清点工具，清理现场。

（6）结束后，确认摄像录制。

四、考核方式及时间要求

考核时间 5 分钟，考核方式为实操，同时摄像记录，时间到停止考评。

特种作业（电工）安全技术实操考试考评细则

单位：　　　　　　　　　　　　姓名：　　　　　　　　　　　　考试得分：

试题类型	灭火器选择和使用	考核时限		5 分钟
试题分值	20 分	考核方式		实操
需要说明的问题和要求	按照步骤操作：准备工作、火情判断、灭火操作、检查确认、清点工具，清理现场			
工具、材料、设备场地	手提式灭火器（自选泡沫灭火器、水基灭火器、干粉灭火器）、火盆、棉纱、油品、急救箱、安全帽、工作服、防火保护手套			

序号	考试项目	项目操作名称	满分	质量要求	扣分
1	灭火器选择和使用	准备工作	2	检查灭火器压力、铅封、出厂合格证、有效期、瓶体、喷管	未检查灭火器扣 2 分；检查漏项扣 1 分
		火情判断	4	根据火情选择合适灭火器；迅速赶赴火场；准确判断风向	灭火器选择错误扣 4 分；动作迟缓扣 2 分；风向判断错误扣 4 分
		灭火操作	3	站在火源上风口；离火源 3～5m 距离；迅速拉下安全环	未站火源上风口扣 2 分；灭火距离不对扣 2 分；未迅速拉下安全环扣 3 分

序号	考试项目	项目操作名称	满分	质量要求	扣分
1	灭火器选择和使用	灭火操作	4	手握喷嘴对准着火点，压下手柄，侧身对准火源根部由近及远扫射灭火； 在液体将喷完前迅速撤离火场； 火未熄灭应继续更换操作	未侧身对准火源根部扫射扣 1 分； 未由近及远灭火扣 1 分； 干粉喷完前未迅速撤离扣 10 分； 火未熄灭就停止操作扣 1 分
		检查确认	2	检查灭火效果； 确认火源熄灭	未检查或未确认扣 2 分
			2	将使用过的灭火器放到指定位置； 注明已使用	未放到指定位置扣 1 分； 未注明已使用扣 2 分
			2	报告灭火情况	未报告灭火情况扣 2 分
		现场清理	1	清理现场，保持整洁有序	未清理现场扣 1 分
2	合计		20	考试得分	

考评员：　　　　　　　　　　　　日期：

特种作业（电工）安全技术实操考试任务书（三）

一、题目

灭火器选择和使用（满分 20 分）。

二、工具、材料、设备场地

手提式灭火器（自选泡沫灭火器、水基灭火器、干粉灭火器）、火盆、棉纱、油品、急救箱、安全帽、工作服、防火保护手套。

三、考核项目

××330kV 变电站火灾报警装置告警，经查 380V 站用电开关柜室内，380V Ⅰ段开关柜着火，请根据下列要求开展现场火灾扑灭。

（1）准备工作。

（2）火情判断。

（3）灭火操作。

（4）检查确认。

（5）清点工具，清理现场。

（6）结束后，确认摄像录制。

四、考核方式及时间要求

考核时间 5 分钟，考核方式为实操，同时摄像，时间到停止考评。

特种作业（电工）安全技术实操考试考评细则

单位：　　　　　　　　　　　　姓名：　　　　　　　　　　　考试得分：

试题类型	灭火器选择和使用	考核时限	5分钟
试题分值	20分	考核方式	实操
需要说明的问题和要求	按照步骤操作：准备工作、火情判断、灭火操作、检查确认、清点工具，清理现场		
工具、材料、设备场地	手提式灭火器（自选泡沫灭火器、水基灭火器、干粉灭火器）、火盆、棉纱、油品、急救箱、安全帽、工作服、防火保护手套		

序号	考试项目	项目操作名称	满分	质量要求	扣分
1	灭火器选择和使用	准备工作	2	检查灭火器压力、铅封、出厂合格证、有效期、瓶体、喷管	未检查灭火器扣2分；检查漏项扣1分
		火情判断	4	根据火情选择合适灭火器；迅速赶赴火场；准确判断风向	灭火器选择错误扣4分；动作迟缓扣2分；风向判断错误扣4分
		灭火操作	3	站在火源上风口；离火源3～5m距离；迅速拉下安全环	未站火源上风口扣2分；灭火距离不对扣2分；未迅速拉下安全环扣3分
			4	手握喷嘴对准着火点，压下手柄，侧身对准火源根部由近及远扫射灭火；在干粉将喷完前（3s）迅速撤离火场；火未熄灭应继续更换操作	未侧身对准火源根部扫射扣1分；未由近及远灭火扣1分；干粉喷完前未迅速撤离扣10分；火未熄灭就停止操作扣1分
		检查确认	2	检查灭火效果；确认火源熄灭	未检查或未确认扣2分
			2	将使用过的灭火器放到指定位置；注明已使用	未放到指定位置扣1分；未注明已使用扣2分
			2	报告灭火情况	未报告灭火情况扣2分
		现场清理	1	清理现场，保持整洁有序	未清理现场扣1分
2	合计		20	考试得分	

考评员：　　　　　　　　　　　　日期：

参 考 文 献

[1] 国家安全生产监督管理总局人事司（宣教办）. 特种作业安全技术实际操作考试标准汇编［M］. 江苏：中国矿业大学出版社，2015：3－23.

[2] 国家安全监管总局. 特种作业（电工）安全技术培训大纲和考核标准（分项目）［Z］. 2018－1－23.

[3] 国家安全监管总局. 特种作业（电工）目录对照表［Z］. 2018－1－23.

[4] 国家安全监管总局. 特种作业（电工）安全技术实际操作考试标准和实操考试点设备配备标准（分项目）［Z］. 2018－1－23.